装配式建筑系列丛书

U0184405

装配式建筑
典型案例复盘

金茂慧创建筑科技有限公司　编著

周慧敏　主编

中国建筑工业出版社

图书在版编目（CIP）数据

装配式建筑典型案例复盘／金茂慧创建筑科技有限公司编著；周慧敏主编. —北京：中国建筑工业出版社，2021.6（2022.8重印）

（装配式建筑系列丛书）

ISBN 978-7-112-26033-1

Ⅰ.①装⋯ Ⅱ.①金⋯ ②周⋯ Ⅲ.①装配式构件—建筑工程—案例 Ⅳ.①TU3

中国版本图书馆CIP数据核字（2021）第057008号

责任编辑：焦　扬　徐　冉
责任校对：党　蕾

装配式建筑系列丛书

装配式建筑典型案例复盘

金茂慧创建筑科技有限公司　编著
周慧敏　主编
*
中国建筑工业出版社出版、发行（北京海淀三里河路9号）
各地新华书店、建筑书店经销
北京锋尚制版有限公司制版
北京市密东印刷有限公司印刷
*
开本：787毫米×960毫米　1/16　印张：20　字数：214千字
2021年7月第一版　2022年8月第三次印刷
定价：**72.00**元
ISBN 978-7-112-26033-1
　　（37248）

目 录

案例篇

专题篇

案例篇

1 政策文件

《北京市人民政府办公厅关于加快发展装配式建筑的实施意见》（京政办发〔2017〕8号）

《北京市发展装配式建筑2018年—2019年工作要点》

《北京市发展装配式建筑2020年工作要点》

《北京市装配式建筑项目设计管理办法》

《关于加强装配式混凝土建筑工程设计施工质量全过程管控的通知》

2 政策分析

2.1 审查环节

与现浇建筑相比，装配式建筑在开发过程中增加了如下审查环节。

产业化专家会。在项目初设阶段进行装配式技术方案评审，需提前在北京市住房和城乡建设委员会网站系统平台上，选取专家进行装配式方案评审，并取得专家意见进行备案。

规划设计。应增加装配式的相关说明和内容（如明确实施范围、单体指标要求、奖励面积、不计容面积等）。

施工图外审。提供产业化专家会评审意见、满足外审深度的各专业产业化施

图1
市住房和城乡
建设委员会系
统平台

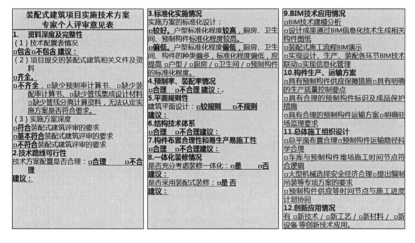

图2
专家个人评审
意见表

工图纸（包括指标说明、计算书和专项图纸等）。

施工组织评审。施工单位应针对装配式建筑的特点编制施工组织设计和专项施工方案，在市住房和城乡建设委员会平台上选取专家并对施工组织设计专项进行评审，及早发现施工风险点和可优化点，将专家意见上传平台备案。

市住房和城乡建设委员会抽查。装配式建筑施工过程中，分两个阶段进行区级自查和市级抽查，采取座谈会、查阅资料和现场核查三种方式对装配式建筑实施情况进行检查，重点包括施工质量、是否按图施工、文件资料是否齐全、手续

关于2018-2019年装配式建筑 项目建设检查情况的通报

信息来源：市住房和城乡建设委   发布时间：2020年03月18日

京装配联办发[2020]1号

各区人民政府，市装配式建筑联席会议成员单位，各有关单位：

2019年8月21日-11月20日，市装配式建筑联席会议办公室对我市各区（含经济技术开发区）开展了2018-2019年装配式建筑项目实施情况检查。

本次检查分为区级自查和市级抽查两个阶段，采取座谈会、查阅资料和现场核查三种方式，内容包括在土地供应、项目立项、规划许可、施工图审查、施工许可、质量监督、竣工备案等环节落实装配式建筑政策要求的情况和项目参建各方落实装配式建筑相关要求的情况。现将检查情况通报如下：

（二）项目建设情况

本次现场检查共16个项目，建筑面积共计约118.57万平方米。其中公共建筑项目1个，住宅项目9个，自住型商品房4个，定向安置房1个，工业建筑1个。16个项目执行标准涵盖我市住宅产业化和装配式建筑不同发展阶段的3类标准要求，其中执行《北京市人民政府办公厅关于加快发展装配式建筑的实施意见》（京政办发〔2017〕8号）的项目13个，执行《关于在本市保障性住房中实施绿色建筑行动的若干指导意见》（京建发〔2014〕315号）的项目2个，执行《北京市混凝土结构产业化住宅技术管理要点》（京建发〔2010〕740号）同时又采用高标准商品住宅建设标准的项目1个。西城区的西便门东里项目属自愿实施装配式建筑。

图3 装配式项目检查情况通报

是否合规等。

竣工验收。建设单位应在工程主体结构验收或竣工验收前，组织进行预制率或装配率验收，形成验收表。当项目为全装修竣备时，可分阶段进行主体结构验收。

2.2 装配式实施范围

《北京市发展装配式建筑2020年工作要点》规定：

"通过招拍挂文件设定相关要求，对以招拍挂方式取得城六区和通州区地上建筑规模5万平方米（含）以上国有土地使用权的商品房开发项目应采用装配式建筑；在其他区取得地上建筑规模10万平方米（含）以上国有土地使用权的商品房开发项目应采用装配式建筑。"

"在上述实施范围内的以下新建建筑项目可不采用装配式建筑：

——单体建筑面积5000平方米以下的新建公共建筑项目；

——建设项目的构筑物、配套附属设施（垃圾房、配电房等）；

——技术条件特殊，不适宜实施装配式建筑的建设项目（需经市装配式建筑专家委员会论证后报市装配式建筑联席会议办公室审核同意）。"

2.3　单体控制指标

根据《北京市人民政府办公厅关于加快发展装配式建筑的实施意见》（京政办发〔2017〕8号）相关规定，装配式建筑应严格执行国家及本市的相关标准，同时还应满足以下要求：

"1．装配式建筑的装配率应不低于50%。

2．装配式混凝土建筑的预制率应符合以下标准：高度在60米（含）以下时，其单体建筑预制率应不低于40%，建筑高度在60米以上时，其单体建筑预制率应不低于20%。

3．装配式混凝土结构单体建筑应同时满足预制率和装配率的要求；钢结构单体建筑应满足装配率的要求。

4．水平构件采用预制（叠合）构件或免支模的应用比例应≥70%。"

2.4　单体指标计算

2.4.1　预制率计算

单体建筑±0.00标高以上，结构构件采用预制混凝土构件的混凝土用量占全部混凝土用量的体积比，按式（1）计算：

$$预制率 = \frac{V_1}{V_1 + V_2} \times 100\% \tag{1}$$

式中　V_1——建筑±0.00标高以上，结构构件采用预制混凝土构件的混凝土体积，计入V_1计算的预制混凝土构件类型包括剪力墙、延性墙板、柱、支撑体、梁、桁架、屋架、楼板、楼梯、阳台板、空调板、女儿墙、雨篷等；

　　　　V_2——建筑±0.00标高以上，结构构件采用现浇混凝土构件的混凝土体积。

2.4.2 装配率计算

单体建筑±0.00标高以上，围护和分隔墙体、装修与设备管线等采用预制部品部件的综合比例，按式（2）计算：

$$装配率=\frac{\sum Q_i}{100-q}\times100\% \qquad (2)$$

式中　Q_i —— 各指标实际得分值，具体要求见表1；

　　　q —— 单体建筑中缺少的评价内容的分值总和（如：若公共建筑中无厨房和采暖管线，则q=10+4=14）。

北京市装配式建筑装配率评分表　　　　表1

评价内容		评价要求	评价分值
外围护墙（22）	非砌筑★	应用比例≥80%	11
	墙体与保温、装饰一体化	50%≤应用比例<80%	5~10*
		应用比例≥80%	11
内隔墙（22）	非砌筑★	应用比例≥50%	11
	墙体与管线、饰面一体化	50%≤应用比例<80%	5~10*
		应用比例≥80%	11
全装修（10）★		—	10
公共区域装配化装修（10）	干式工法地面	60%≤应用比例<80%	1~5*
		应用比例≥80%	6
	集成管线和吊顶	60%≤应用比例<80%	1~3*
		应用比例≥80%	4
卫生间（10）	干式工法地面	70%≤应用比例<90%	1~5*
		应用比例≥90%	6
	集成管线和吊顶	70%≤应用比例<90%	1~3*
		应用比例≥90%	4
厨房（10）	干式工法地面	70%≤应用比例<90%	1~5*
		应用比例≥90%	6
	集成管线和吊顶	70%≤应用比例<90%	1~3*
		应用比例≥90%	4

评价内容		评价要求	评价分值
管线与支撑体分离（12）	电气管、线、盒与支撑体分离	50%≤应用比例<80%	1~3*
		应用比例≥80%	4
	给（排）水管与支撑体分离	50%≤应用比例<80%	1~3*
		应用比例≥80%	4
	采暖管线与支撑体分离	70%≤应用比例≤100%	1~4*
BIM应用（4）	设计阶段	设计阶段	4

注: 1. 表中带"★"的评价内容，评价时应满足该项最低分值的要求。

　　2. 表中带"*"项的分值采用"内插法"计算，计算结果取小数点后一位。

2.5 奖励政策

2.5.1 北京市的奖励政策

面积奖励：对于实施范围内的装配式建筑项目，在计算建筑面积时，建筑外墙厚度参照同类型建筑的外墙厚度。建筑外墙采用夹芯保温复合墙体的，其夹芯保温墙体外叶板水平投影面积不计入建筑面积。对于未在实施范围内的非政府投资项目，凡自愿采用装配式建筑并符合实施标准的，给予实施项目不超过3%的面积奖励。

财政奖励：由财政部门研究制定装配式建筑项目专项奖励政策，对于实施范围内的预制率达到50%以上、装配率达到70%以上的非政府投资项目予以财政奖励；对于未在实施范围的非政府投资项目，凡自愿采用装配式建筑并符合实施标准的，按增量成本给予一定比例的财政奖励。鼓励金融机构加大对装配式建筑项目的信贷支持力度。

税收优惠：对于符合新型墙体材料目录的部品部件生产企业，可按规定享受增值税即征即退优惠政策。符合高新技术企业条件的装配式建筑部品部件生产企业，经认定后可依法享受相关税收优惠政策。

房屋预售：在本市建筑行业相关评优评奖中，增加装配式建筑方面的指标要求。采用装配式建筑的商品房开发项目在办理房屋预售时，可不受项目建设形象进度要求的限制。

2.5.2 财政奖励政策解读

根据2020年6月发布的《北京市装配式建筑、绿色建筑、绿色生态示范区项目市级奖励资金管理暂行办法》解读条文。

（1）申请装配式建筑奖励政策须同时符合的条件

1）申报项目为非政府投资项目；

2）申报项目地上建筑面积不应小于5000m²；

3）申报项目依法依规办理开工手续；

4）申报项目应达到以下标准之一：

①按照《北京市人民政府办公厅关于加快发展装配式建筑的实施意见》（京政办发〔2017〕8号）实施的项目，装配率不低于70%且预制率不低于50%，给予180元/m²的奖励资金；对于自愿实施的项目，装配率不低于50%，且建筑高度在60m（含）以下时预制率不低于40%、建筑高度在60m以上时预制率不低于20%，给予180元/m²的奖励资金。

②按照《关于印发〈北京市混凝土结构产业化住宅项目技术管理要点〉的通知》（京建发〔2010〕740号）实施的住宅项目，预制率不低于40%，给予180元/m²的奖励资金。

（2）财政奖励申报流程

根据2020年4月发布的《北京市装配式建筑、绿色建筑、绿色生态示范区项目市级奖励资金管理暂行办法》，申报注意事项及申报流程如下。

申报单位：建设单位。

申报时间：2016年1月1日至2020年4月30日取得开工手续的项目应在2020年8月31日前进行申报，2020年5月1日后取得开工手续的项目应在首层楼地面施工前进行申报。

申报资料上传：申报单位登录北京市住房和城乡建设委员会网上办事大厅的"北京市装配式建筑项目管理服务平台"（以下简称"平台"），在线填写《北京

图4
市住房和城乡
建设委员会平
台上传资料

市装配式建筑项目财政奖励资金申报书》，上传项目开工或竣工手续证明文件、装配式建筑技术方案专家评审意见、申请奖励各单体的预制率和装配率承诺书、装配式建筑技术配置表等材料。

材料初审：区住房和城乡（市）建设委对装配式建筑奖励项目基本情况进行核实，核实无异议的，通过平台将申报材料及审核意见提交至市住房和城乡建设委。

不定期检查：项目实施过程中，会同市、区行政主管部门不定期检查项目实施装配式建筑的情况。

竣工验收后材料上传：在项目竣工备案或联合验收后，将实施装配式建筑情况报告、申请奖励各单体项目的预制率和装配率验收表、竣工备案表或联合验收表等材料上传至平台。

项目情况核查：区住房和城乡（市）建设委对项目基本情况进行核实，将符合条件的项目通过平台提交至市住房和城乡建设委。市住房和城乡建设委会同市、区行政主管部门组织专家对申报项目进行现场核查和专家评审。经专家评审通过的项目和金额在市住房和城乡建设委网站公示。

申请拨款：经公示无异议后，区住房和城乡（市）建设委会同区财政局向市住房和城乡建设委提出资金拨付申请，市住房和城乡建设委于每年9月底前将各区奖励项目资金拨付申请汇总后提交至市财政局。

案例

1

北京市昌平区
某项目装配式复盘

1 项目概况

1.1 地理位置

本项目位于北六环昌平区内，车行半小时可达望京、TBD云集中心及首都机场等地，未来区域升值潜力大。周边绿地资源丰富，为社区提供了良好的景观环境。

交通方面，现阶段出行主要依靠京承高速、机场高速等道路交通，已运营的地铁5号线天通苑北站距离本项目约6.3km，地铁17号线未来科技城南站穿本项目地下，届时可提高本项目轨道交通的便捷性。

1.2 地块组成及建筑信息

本项目包括三个地块，地上总建筑面积约为19.4万m²，其中，1号地块为R2二类居住用地，地上建筑面积约为11.7万m²，容积率为1.5，包括18栋住宅楼及配套用房。2、3号地块为F2公建混合住宅用地，2号地块地上建筑面积约为4.1万m²，容积率为3.8；3号地块地上建筑面积约为3.6万m²，容积率为4.5。

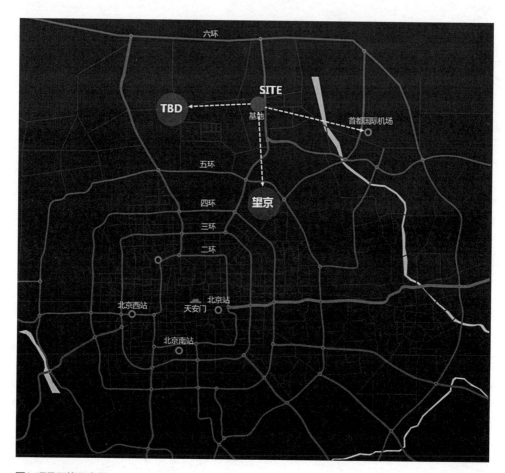

图1 项目区位示意图

图2 1号地块鸟瞰图

图3 2、3号地块鸟瞰图

2 主体结构方案

2.1 装配式实施楼栋及控制指标

该项目地上建筑总面积共19.4万m²，根据北京市的政策文件，该项目所有住宅及公建单体应全部采用装配式建筑。

单体建筑面积5000m²以下的建筑可不采用装配式建筑。

该项目实施装配式的单体建筑需满足以下指标要求。

（1）装配率应不低于50%。

（2）建筑高度在60m以下时预制率不低于40%；建筑高度在60m以上时预制率不低于20%；钢结构建筑，无预制率要求。

（3）预制水平构件应用比例不低于70%。

2.2 预制构件种类及应用范围

2.2.1 1号地块

住宅楼均为装配整体式剪力墙结构，预制构件类型为夹芯保温外墙板、预制内墙板、叠合板、预制楼梯板。

水平构件的预制与现浇情况为：

（1）一层顶至闷顶层底均采用叠合板；闷顶层坡屋面采用现浇。

（2）公共区域、楼梯平台板、管井及配电箱处采用现浇；其余户内部分采用叠合楼板。

（3）二层至顶层采用预制楼梯（梯段板）。

底部加强区楼层采用现浇，竖向构件的预制与现浇情况为：

（1）飘窗及飘窗处外墙、绝大部分楼梯间外墙、闷顶层外墙采用现浇。

（2）外墙从三层开始预制。

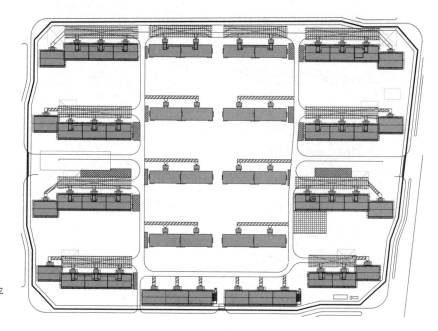

图4
1号地块总平
面图

2.2.2 2、3号地块

公建一采用钢框架-偏心支撑结构体系，预制构件类型为箱形柱、钢支撑、工字钢梁、压型钢板、钢梯。

公建二采用钢框架-混凝土核心筒结构体系，预制构件类型为箱形柱、工字钢梁、压型钢板。

2.3 公建结构体系确定

2.3.1 公建一方案对比

对采用装配式混凝土框架-剪力墙结构与钢框架-偏心支撑的两种公建一的结构方案进行对比，结构布置示意如图5所示。

从设计角度，公建一若采用混凝土结构，超出了规范的长宽比适宜值，不建议采用。并且这种狭长形结构，若采用钢结构方案，不仅可以减小大体积混凝土收缩的不利影响，也能减轻自重、减小地震作用，还能间接减小地基反力，对结构受力是有利的。

从设计角度来说，建议优先采用钢结构方案。

从施工角度，公建项目采用预制混凝土结构时，装配式施工存在以下问题：质量不好控制；现场需要场地较多，对构件堆放制约大；装配式施工难度大，对整体进度影响较大。

从设计、施工角度综合分析来看，采用钢框架-偏心支撑方案，既可满足规范的相关要求，也可保证施工质量、缩短施工周期、提高施工的安全性。虽然混凝土结构方案造价相对偏低，但本建筑东侧柱网轴线为斜线，不规则，形成的装配式异形构件较多，模具种类增加，造价会相应提高。因此，建议选择钢框架-偏心支撑方案。

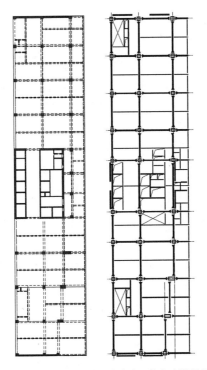

图5 混凝土框架-剪力墙及钢框架-偏心支撑结构

2.3.2 公建二方案对比

对采用装配式混凝土框架–核心筒结构、钢框架–混凝土核心筒与钢框架–偏心支撑的三种公建二的结构方案进行对比。

从设计角度，若采用装配式混凝土框架–核心筒结构，则标准层异形及超大超重构件较多，增加塔吊选型成本；标准化程度低，定制模具量加大；节点设计比较复杂，增加了施工难度。从设计角度，前两种方案建议优先选择钢框架–混凝土核心筒方案。

从施工角度，装配式混凝土结构构件重量大，吊装难度大，安全风险高，施工进度难以保证，施工速度相对较慢；相对来说，灌浆施工工艺施工质量控制难度较大，需要更多施工场地，以利于构件摆放、运输。

钢结构体系构件自重轻，施工速度快，工艺成熟，熟练工人较多，施工质量有保证。

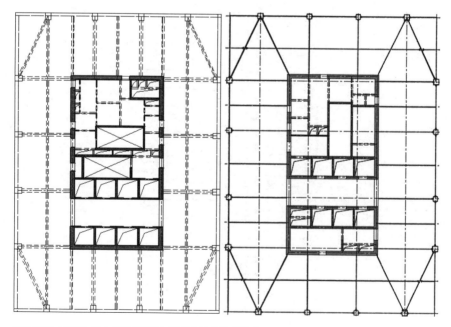

图6 混凝土框架-核心筒及钢框架-混凝土核心筒结构布置示意

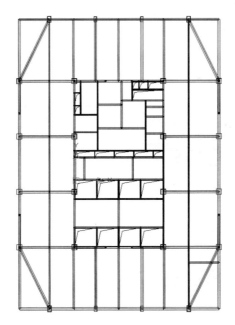

图7 钢框架-偏心支撑结构布置示意

　　从造价角度，经测算，三种体系中，混凝土框架-核心筒的成本是最低的，其次是钢框架-混凝土核心筒，钢框架-偏心支撑的成本最高。

　　从以上设计、施工、造价三个角度综合分析来看，采用钢框架-混凝土核心筒方案，可以有效地保证施工质量、提高施工效率、降低施工难度，且造价相对较低。因此，建议选择钢框架-混凝土核心筒方案。

3　精细化设计要点

3.1　建筑方案优化

3.1.1　幕墙预埋件

　　方案阶段提前与幕墙单位充分沟通，既保留了窗套周边的主要立面线条效

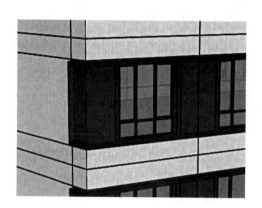

图8 标准层窗框线条

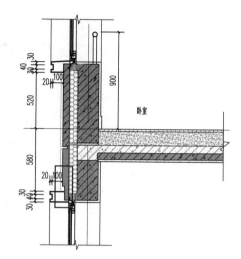

图9 外叶板凹凸不规则

果，又减少了相应的预埋件，降低了夹芯保温外墙板的加工、施工难度。

3.1.2 立面造型

尽量减少外叶板凹凸效果，降低构件生产难度。

3.1.3 设备管线布置

楼梯楼层起步位置为满足设备管线布置的需求，将楼梯梯段最后踏步进行优化设计。

3.2 加工、施工工艺优化设计

3.2.1 预制构件布置原则

（1）满足结构受力及规范要求。

（2）构件尺寸标准化，构件轮廓便于工业化生产。

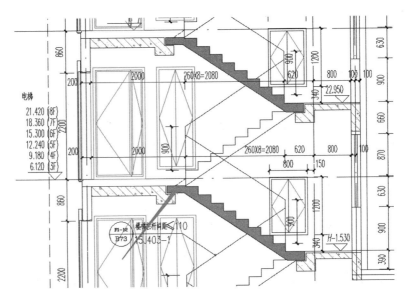

图10 楼梯结构形式

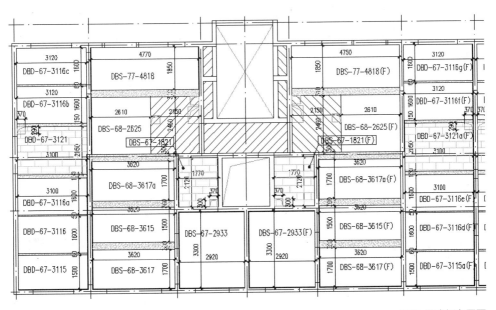

图11 叠合板布置图

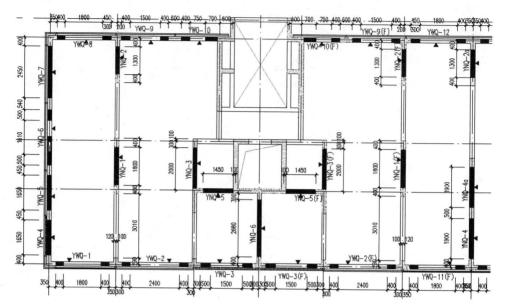

图12 预制墙板布置图

（3）控制预制构件重量，便于现场吊装。

（4）减少墙板面外甩筋或搭梁的情况，便于构件进入养护窑养护，缩短加工周期。

（5）尽量减少预制构件的种类和数量，不同的预制构件之间尽可能地重复利用相关模板，提高工厂的制作效率。

3.2.2 预制构件的重量

预制外墙板最长为4.43m，最重为4.8t；内墙板最长为3.3m，构件最重为5.0t；叠合板最大面积为12.7m²，构件最重为2.6t；梯段板最大重量为1.5t。

该项目均为一字形墙板，无异形或超大超重构件，吊重均不大于5t，利于塔吊型号选择，降低租赁费用。

3.2.3 机电布置要求

标准层130mm厚叠合楼板，预制+现浇层厚度为60mm+70mm；标准层140mm厚叠合楼板的预制+现浇层的厚度为60mm+80mm；标准层160mm厚叠合楼板的预制+现浇层的厚度为80mm+80mm。

在穿管比较多的公共区域采用现浇楼板；客厅大多预制层厚60mm、现浇层厚80mm，以满足现场施工电气管线敷设需要。

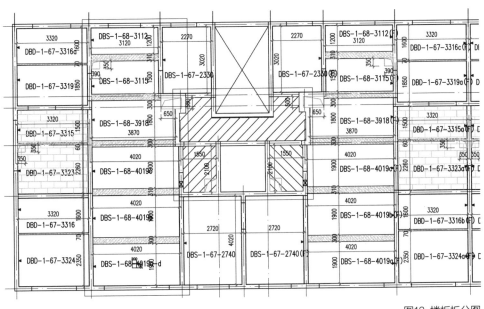

图13 楼板拆分图

3.2.4 施工洞预留

在分户墙上，预留结构施工洞，作为不同户型单元施工时的交通、运输通道。因卫生间施工工序比较烦琐及复杂，故不宜将结构施工洞布置在卫生间范围内。

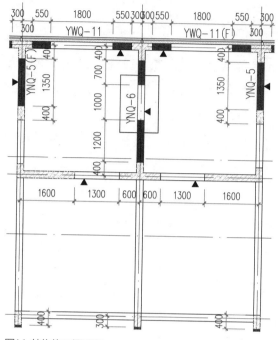

图14 结构施工洞预留

3.3 关键节点

3.3.1 竖向构件节点

外墙板伸出筋采用封闭水平筋形式，现浇区墙体纵筋采用Ⅰ级机械接头连接，钢筋直径不应小于14mm。

3.3.2 叠合板节点

叠合板接缝采用窄拼缝（单向板）和宽拼缝（双向板）两种。

3.3.3 楼梯节点

楼梯一端与平台板设计为固定铰支座，另一端为滑动铰支座。

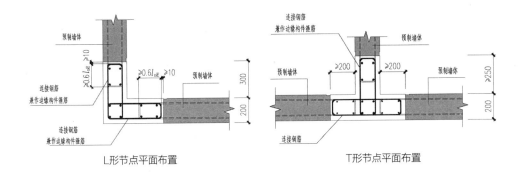

L形节点平面布置　　　　　　　　　　　T形节点平面布置

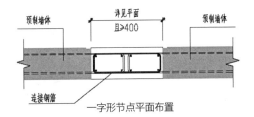

一字形节点平面布置

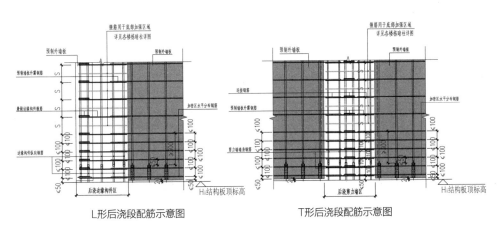

L形后浇段配筋示意图　　　　　　　　T形后浇段配筋示意图

图15 竖向构件节点

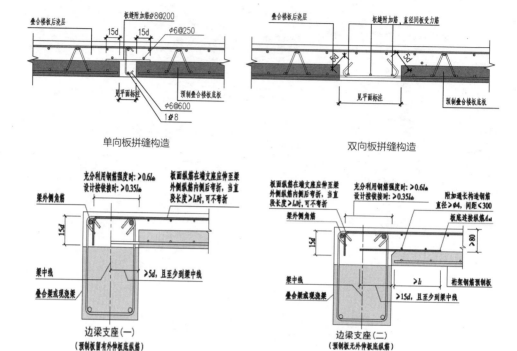

图16 叠合板构件节点

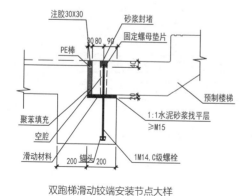

双跑梯滑动铰端安装节点大样

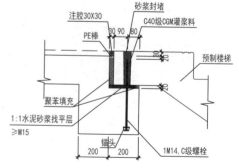

双跑梯固定铰端安装节点大样

图17 楼梯连接大样图

4 施工要点

4.1 加工阶段控制要点

（1）桁架钢筋高度应满足设计和施工要求，加工时采取防止上浮的措施。

（2）梁下铁弯折进暗柱纵筋内侧，加工模板时应考虑；当梁下铁锚固长度不够、端部采用锚固板时，锚固板错开。

（3）预制墙板应设置灌浆观察孔。

（4）施工预留螺母定位、幕墙埋件定位应准确。

（5）注浆孔、出浆孔角度向上，不宜贴近预制墙板底面。

（6）纵筋外伸钢筋的定位和长度务必保证，套筒定位精度保证。

（7）保温板要求：

1）夹芯保温墙板在加工过程中，预制构件厂应根据自有的保温板规格尺寸，绘制保温板排板深化图；

2）保温材料应采用机械切割方式进行精确裁切，确保板材尺寸精度；

3）敷设过程中，保温板之间应采用密封材料进行粘接或密封，避免浇筑的混凝土渗入形成冷桥；

4）保温板间隙、外叶板周边不应有混凝土浆料。

（8）不锈钢拉结件：

1）从我国常用拉结件的品类及其特点来看，不锈钢拉结件具有导热系数低、耐久性好、强度高等特点，是当前在工业化建筑中应用最为广泛的连接技术；

2）拉结件设计应考虑幕墙埋件在施工、使用过程中承受的荷载，有对应的布置图，在受力较大的部位、外叶板悬挑部位进行加强设计；

3）外墙板构件加工过程中，需严格执行拉结件在设计及生产阶段的技术要求；

4）幕墙施工时，确保对外叶板无野蛮施工，控制施工荷载不超过设计允许值。

4.2 施工阶段控制要点

（1）现浇与预制交接层做法：套筒灌浆中，套筒和预留钢筋的钢筋定位精度及工艺措施需保证；设置小牛腿起到外侧封浆的效果。

（2）墙板底部结合面应形成粗糙面且安装前需进行清理。

（3）每一层浇筑后严控板面标高，避免楼板浇筑超厚。

（4）机电管线应提前合理排布。

（5）对于超宽窗洞口，在运输、施工过程中应加强支撑，避免角部开裂。

（6）套筒和灌浆料应匹配，建议采购有品牌和质量保证的产品。

（7）外叶板横竖缝接缝要求：总包单位应制定预制外墙防水施工的专项技术方案，并在工艺样板房开展防水施工工艺评定；主体结构施工过程中，严禁现浇混凝土浆料或灌浆料污染预制墙板接缝，以免造成后续接缝防水困难，质量不可控；防水密封胶除满足现行国家和行业标准，在采购过程中，重点关注相关供货单位的产品品牌及主要技术参数；拼缝宽度务必保证，且避免对外叶板的暴力施工。

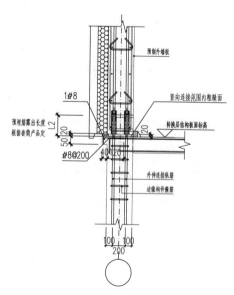

图18 交接层节点做法

案例 2 北京市顺义区某项目装配式复盘

1 项目概况

1.1 地理位置

本项目位于北京市顺义区，距北京市区43.7km，距首都国际机场18.1km，地理位置优越，基地现状交通条件便捷，从基地驾车至六环，途径昌金路、京沈路，距离20km，车程约33min。

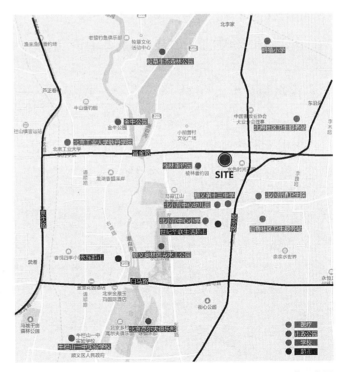

图1 项目区位示意图

1.2 地块组成及建筑信息

本项目包括两个地块：一个地块为A33基础教育用地，地上建筑面积约3000m²，容积率为0.8；另一个地块为R2二类居住用地，地上建筑面积约21.7万m²，容积率为2.0。该地块共29栋住宅楼、6栋配套商业楼，其中住宅地上建筑面积约20.9万m²，层数为5～15层。

1.3 装配式实施范围

根据《北京市发展装配式建筑2018年—2019年工作要点》第2条规定，由于该项目位于顺义区，地上建筑总面积共28.8万m²，故该项目所有住宅单体应全部采用装配式建筑。

根据《北京市发展装配式建筑2018年—2019年工作要点》第4条规定，本项目的配套商业楼单体地上建筑面积均低于5000m²，可不采用装配式建筑。

1.4 单体控制指标

根据《北京市人民政府办公厅关于加快发展装配式建筑的实施意见》（京政办发〔2017〕8号）规定，本项目的单体建筑需满足以下各项指标要求：

（1）装配率应不低于50%；

（2）因本项目建筑高度在60m以下，故预制率应不低于40%；

（3）水平构件应用比例不低于70%。

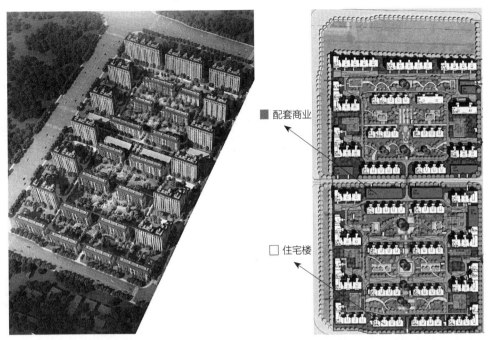

图2 项目鸟瞰图　　　　　　　　　　　　　　　图3 项目总平面图

2 主体结构方案

2.1 预制构件种类

本项目29栋住宅楼均为装配整体式剪力墙结构，项目预制率要求不低于40%，因此所采用的预制构件类型为单层预制外墙板、预制内墙板、叠合板以及楼梯板。

2.2 预制构件应用范围

根据预制率不小于40%，水平构件应用比例不小于70%的指标要求，水平构件的预制或现浇情况为：

（1）一层顶至顶层底均采用叠合板，屋面板部分楼栋采用预制。

（2）公共区域（简称公区）、楼梯平台板、管井及配电箱处采用现浇；部分户内卫生间采用现浇；户内其他部分均采用叠合楼板；空调板采用现浇或钢结构。

（3）二层至顶层采用预制楼梯（标准化梯段）。

竖向构件的预制与现浇情况为：

飘窗及飘窗处外墙、墙垛较小处外墙等采用现浇。层数为8层及以下时，墙体从二层开始预制；层数为9~10层时，外墙从三层开始预制，内墙从二层开始预制；层数为15层时，墙体从三层开始预制。

2.3 结构拆分平面图

标准层楼板、墙板布置图，如图4、图5所示。

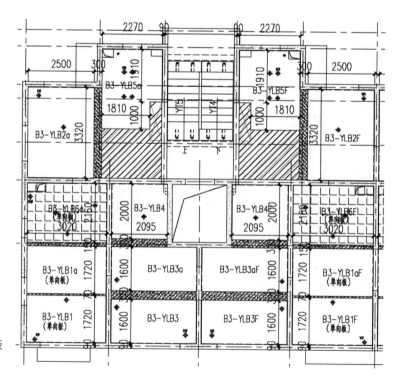

图4
标准层楼板
布置图

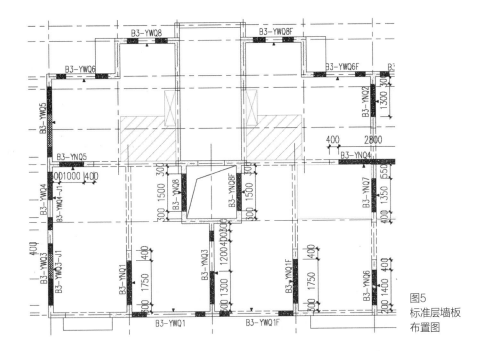

图5
标准层墙板
布置图

2.4 关键节点

（1）构件布置时，尽量统一一字形、L形、T形的现浇段尺寸，提高施工阶段竖向现浇段的模具通用性。

（2）外墙无外叶板并且墙板伸出水平筋采用开口形式，将便于现浇段的竖向纵筋连接施工。

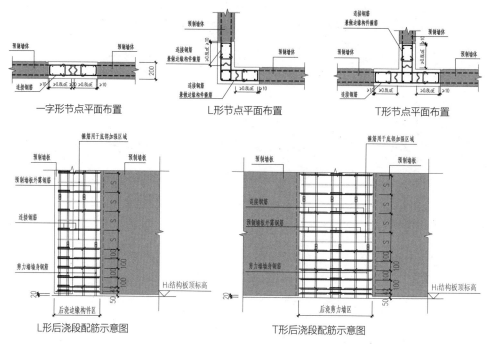

图6 竖向构件节点

图7 墙板伸出钢筋采用闭口水平筋

图8 墙板伸出钢筋采用开口水平筋

3　预制单层外墙板分析

3.1　方案对比

北京地区预制外墙板多采用夹芯保温外墙板体系。与夹芯保温外墙板方案进行对比分析，预制单层外墙板取消了外叶板及保温层的一体化预制，具有以下特点。

（1）外叶板对建筑外立面的形式和装饰材料限制较大，采用单层外墙板，可减少因外叶板而对建筑立面造型的限制。

（2）外叶板接缝处的防水节点构造的实施难度较大，采用单层外墙板体系，对加工及施工的精度要求相对降低。

（3）因外叶板取消，预制外墙不必完全闭合，可根据外立面的需求，将墙垛较小或产业化难实施区域现浇，相对更易满足建筑平面的诉求。

（4）因外叶板取消，同等内墙板长度的单块单层外墙板比夹芯保温墙板偏轻，可降低构件吊重。

（5）不能实现保温装饰一体化，保温板需进行二次施工，增加了外立面施工工序，且保温板无法实现与主体结构同寿命。

3.2　项目特点分析

本项目采用预制单层外墙板，是根据项目特点提出的方案。若采用夹芯保温外墙板，首先，建筑平面上存在大量外叶板无法闭合的情况。其次，立面上外叶板的标准化程度低，体现在以下几个方面。

（1）立面上建筑高度错落、结构分缝多，外叶板的差异性大；在错层位置处，部分内墙转变为外墙板，低层屋面造型对外墙有一定干扰。

（2）南侧空调板未在楼层位置，夹芯墙板实施难度大。

（3）部分楼栋存在连廊层，在连廊位置处，外叶板与标准层不同，外叶板的标准化程度低。

　　结合项目的特点，本项目采用了不带外叶板的单层外墙板方案。

图9 高度错落，结构分缝多

3.3 成本分析

　　采用单层外墙板构件，会给项目带来一定的成本减量：

（1）可减少墙板构件的采购费用；

（2）可减少外叶板接缝的构造措施费用；

（3）便于外墙墙体布置，提高外墙板的标准化程度。

　　采用单层外墙板构件，也会给项目带来一定的成本增量：

（1）增加保温层的二次施工费用；

（2）增加防火窗费用；

（3）增加外墙现浇段的支模费用。

4 施工要点

4.1 外贴保温板

单层外墙板结构，保温板需进行二次施工，施工时不可仅靠粘结进行固定，需采用粘锚结合的方式固定牢靠。建议搭建工艺样板间进行试验，以确定保温板的固定方案。

4.2 外墙防水

建议保温板的拼接缝与预制墙体的拼缝位置错开；灌浆层要密实饱满，墙体四周粗糙面要满足规范要求，以提升结构自防水效果；分缝处增加材料防水。

4.3 外侧封浆措施

提前考虑封浆方案，墙板吊装后，采用合理可靠的封堵措施，避免漏浆。

案例 3 北京市海淀区某项目装配式复盘

1 工程概况

1.1 项目区位

项目位于海淀区西四环与西五环之间，交通便利，地理位置优越。周边教育、医疗、商业等配套资源完善，生活便利度高，景观资源及旅游观光资源丰富，具有高品质居住社区的潜在条件。

1.2 规划及建筑方案设计

本项目用地为R2二类居住用地，规划用地面积44500m²，总建筑面积约11.2万m²，其中地上建筑面积约6.6万m²，地块容积率为1.5。整个项目共14栋住宅和1栋配套建筑。

规划设计提取中式园林文化精髓，塑造一个清晰的轴线序列，打造"街、院、巷"等不同层级的功能空间；规划在街角城市界面采用大尺度的退让，内部空间采用"板点结合、小组团"的规划方式，打造一个尊重城市、延续传统、灵活开放的居住社区。项目倾力营造科技绿色节能住宅，采用"地源热泵+毛细"、

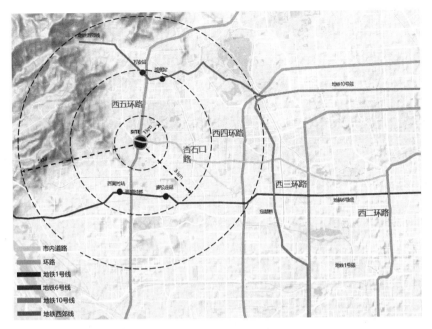

图1　项目区位示意图

图2　鸟瞰图

图3 立面效果图1

图4 立面效果图2

图5 立面效果图3

全屋置换新风等科技手段，营造一个健康舒适的顶级科技智慧住宅。

1.3 项目装配式设计范围及特点

按前文已介绍的北京市政策，本项目住宅单体均应实施装配式，共14栋。结构体系均为装配整体式混凝土剪力墙结构。采用的预制构件种类为预制单层外墙板、预制内墙板、叠合楼板、预制楼梯。

（1）水平构件的预制与现浇情况

1）首层顶至五层顶均采用叠合楼板，坡屋面采用现浇。

2）除公区、楼梯平台板、管井处楼板采用现浇，部分户内卫生间楼板采用现浇，其余户内部分采用叠合楼板。

3）二层至顶层采用预制楼梯（标准化梯段）。

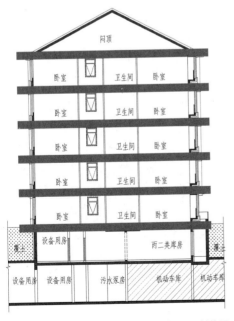

图6 水平构件的预制范围

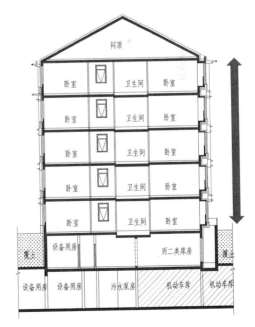

图7 竖向构件的预制范围

（2）竖向构件的预制与现浇情况

1）南立面外墙因墙垛尺寸小，造型复杂，采用现浇墙体。

2）部分内墙采用预制内墙。

3）墙体从首层开始预制。

4）闷顶层墙体采用现浇墙体。

2 装配式方案设计

2.1 平面设计

本项目共14栋住宅楼，楼栋套型按使用空间面积分为三种户型。各楼栋仅包含三种户型其中一种，同一户型分为边户和中间户。户型模块化，重复率高。

建筑南立面均为大窗、飘窗、转角窗等，因此南立面结构墙均采用现浇，不实施预制。

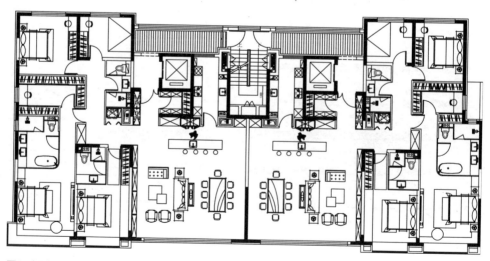

图8 户型平面

2.2 立面设计

本项目住宅地上为五层或六层，立面采用标准模块，通过多种组合的方式构成过渡自然、丰富多变的城市天际线，形成连续而生动的城市界面。

建筑立面复杂且大量采用石材及铝板装饰，预制夹芯保温外墙板的外叶板上难以预留大量埋件，因此本项目实施预制单层外墙板，不考虑保温装饰一体化。

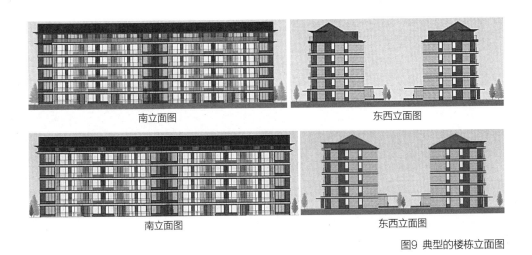

图9 典型的楼栋立面图

2.3 预制构件设计

（1）预制墙板

本项目墙体采用预制单层外墙板及预制内墙板，墙厚均为200mm。某单元标准层墙板布置图如图10所示。

（2）叠合楼板

本项目公共区域与部分异形板区域、部分卫生间及屋面采用现浇混凝土楼板，其他区域采用预制混凝土叠合楼板。叠合楼板由下部预制混凝土底板和上

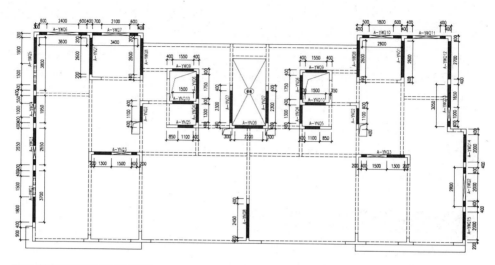

图10 某单元标准层墙板布置图

部现浇层组成。楼板厚度取130mm、140mm、150mm。130mm、140mm厚叠合楼板的预制层厚度为60mm，现浇层厚度为70mm、80mm；150mm厚叠合楼板的预制层厚度为70mm，现浇层厚度为80mm。预制板表面做成凹凸差不小于4mm的粗糙面，在预制板内设置桁架钢筋，可以增加预制板的整体刚度和水平界面抗剪性能。某单元标准层楼板布置图如图11所示。

（3）预制楼梯

本项目的住宅从二层开始梯段采用全预制混凝土楼梯。楼梯一端与平台板设计为固定铰支座，另一端与平台板设计为滑动铰支座。

（4）预制构件规格分析

本项目预制外墙板最长为4.7m，构件重量为4.8t；内墙板最长为3.25m，构件重量为4.6t；叠合板最大面积为14.21m²，构件重量为2.5t；梯段板最大重量为2.3t。构件最大吊重不大于5t。

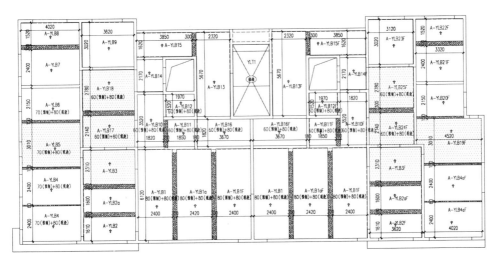

图11 某单元标准层楼板布置图

3 建筑及结构方案优化

（1）原建筑方案北立面窗间墙距离较短，预制构件连接段难以满足构造要求，导致外墙超长。

解决办法：预制墙板外伸钢筋采用封闭环水平筋形式，后浇段内后放置水平钢筋搭接，在满足构造要求的条件下，后浇段长度取400mm。

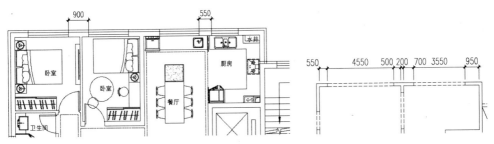

图12 修改前的户型北侧平面图　　图13 修改前的户型北侧结构平面布置图

（2）卫生间采用预制时的降板节点。

叠合楼板从接缝的形式分析，预制底板之间的接缝可采用密拼缝/窄拼缝（分离式）、宽拼缝（整体式）。《混凝土结构施工图平面整体表示方法制图规则和构造详图（现浇混凝土框架、剪力墙、梁板）》16G101-1给出了现浇楼板的局部降板节点。

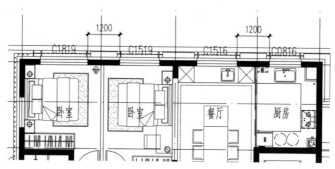

图14 修改后的北侧窗间墙

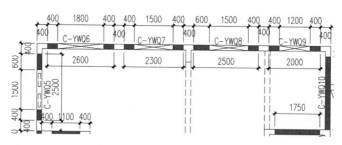

图15 修改后的北侧外墙布置方案

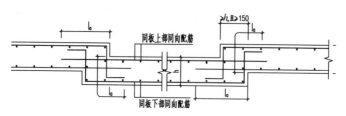

图16 图集中降板节点做法

当卫生间采用叠合板时，后浇带范围应根据降板节点进行确定。

1）楼板为单向板时：后浇带宽度取暗梁宽度，不受降板高度的限制。

2）楼板为双向板时：后浇带宽度与叠合板布置范围和降板深度有关。

①卫生间现浇，小降板时，后浇带宽度取暗梁宽度。

②卫生间现浇，大降板时，后浇带宽度取"暗梁宽度+l_a（l_a在非降板区域）"。

③卫生间预制，小降板时，后浇带宽度取"暗梁宽度+l_a+10（l_a在降板区域）"。

④卫生间预制，大降板时，后浇带宽度取"暗梁宽度+$2l_a$+10（l_a在降板及非降板区域均有）"。

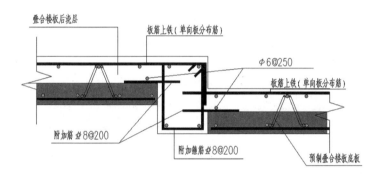

图17　单向板降板处拼缝构造

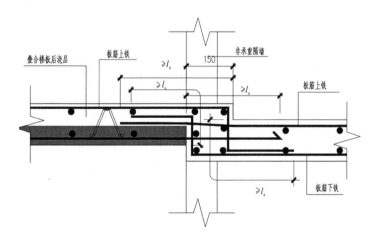

图18　双向板降板处拼缝构造1

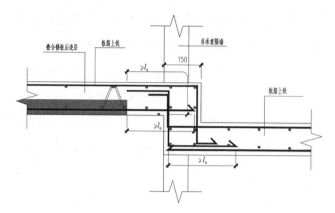

图19 双向板降板处拼缝构造2

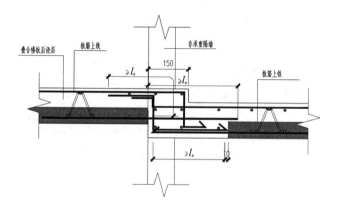

图20 双向板降板处拼缝构造3

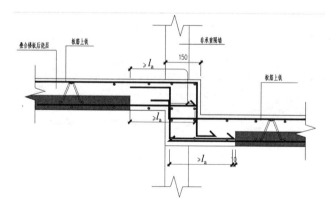

图21 双向板降板处拼缝构造4

4 北京市丰台区
某住宅项目装配式复盘

1 项目概况

1.1 项目区位

项目位于北京市丰台区，北京绿化隔离圈内。北京城市南部地区被定义为"我市未来发展的战略空间和我市参与京津冀区域合作的重要门户通道"。本项目能够快速便捷地通往城市主干道，距天安门广场7.9km，通达性较好。

1.2 装配式设计范围及目标

本项目地块用地面积约为21000m²，为住宅混合公建用地，容积率为3.0，地上建筑面积约为63000m²。

根据北京市政策要求，本项目总建筑面积超过5万m²，所有住宅地上部分均采用装配式建筑。本项目实施装配式建筑技术的楼栋应满足预制率不小于40%、装配率不小于50%的要求。

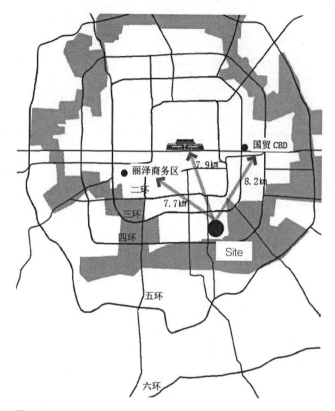

图1 项目区位分析图

2 规划设计方案

2.1 规划设计

规划设计旨在创造具有浓厚的居住生活情趣的社区环境、便利的服务设施、多姿多彩的社区生活、丰富多样的机能和空间、景观优美的生态环境。同时，整个社区的整体氛围及建筑外观着力体现城市生活的风范，创造出作为现代国际大都市的气派。以商业、住宅、公建多业态建筑四周围合布局，形成中央景观的空间架构。

图2 项目鸟瞰图   图3 立面效果图

2.2 立面效果

本项目住宅楼采用装配整体式剪力墙结构体系，采取模数化户型设计，立面采用标准模块。首层和二层采用石材，三层以上的预制墙板外叶板饰面采用真石漆或质感涂料。

3 装配式方案

3.1 使用的预制构件

本项目三栋住宅楼均为装配式建筑，采用装配整体式剪力墙结构；地上各层采用预制竖向构件和水平构件，包括预制夹芯保温外墙板、预制内墙板、叠合楼板、预制楼梯、预制空调板等预制构件。

配建楼采用装配整体式框架-现浇剪力墙结构；地上各层采用预制竖向构件和水平构件，包括预制框架柱、预制框架梁、叠合楼板、预制楼梯等预制构件。

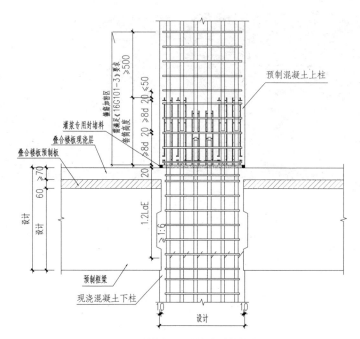

预制柱与现浇柱竖向连接节点

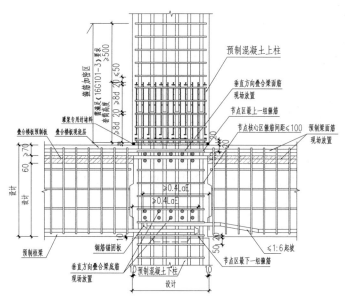

图4
典型装配整体
式框架节点

预制框梁与中间层预制中柱连接节点

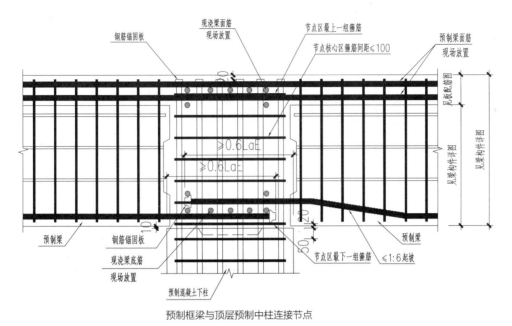

钢筋锚固板　现浇梁面筋现场放置　节点区最上一组箍筋　节点核心区箍筋间距≤100　预制梁面筋现场放置

≥0.6LaE

≥0.6LaE

预制梁　钢筋锚固板　现浇梁底筋现场放置　预制混凝土下柱　节点区最下一组箍筋　≤1:6起坡　预制梁

预制框梁与顶层预制中柱连接节点

图4　典型装配整体式框架节点（续）

3.2 装配式建筑BIM应用优势

针对装配式部分，本工程BIM模型根据PC构件的布置方案，准确反映了叠合板、预制楼梯、预制外墙、预制内墙、预制凸窗和空调板等预制构件在主体结构中的定位关系，预制构件与现浇部分的连接关系等内容。较传统的二维制图详图，装配式建筑的BIM模型优势比较明显。

3.2.1 深化设计

在深化设计中，预制构件设计的精确度直接影响现场安装的准确度以及后续外立面、精装修等工序的进程与效果。

BIM模型中每一个视图都是同一个数据库中的数据在不同角度的表现。利用虚拟建筑模型，建筑师可以根据自己的需要在任何时候生成任意视图。平面图、立面图、剖面图、3D视图甚至大样图，以及材料统计、面积计算、造价计算等都从BIM模型中自动生成。

传统预制构件设计，先由设计师进行构件轮廓设计、钢筋布置和埋件设置，再由设计师将所有的水、电管线和预埋件预留到每个预制构件中，工作量庞大，设计周期长，并且如不在三维工作环境下，容易发生冲突错漏。

引入BIM后，可以通过建立建筑、结构、预制构件、设备、管线、管道、预埋件、预埋洞口等模型，做到机电设备一体化、精细化设计，机电管线预埋线槽、点位排布的三维协同设计，同时实现预制构件钢筋的3D生成，减少CAD深化及专业间协同问题，避免后期返工，节约成本，在提高精确度的同时，有效缩短设计周期。

通过BIM模型，能够准确统计各构件尺寸、体积及重量等参数，能够校核预制装配率的准确性，同时为工程量统计提供极大便利。

基于装配式建筑的先天特性——构件工厂预制、现场拼装，为保证建筑结构具有足够的整体性以及抗震性能，墙肢和预制构件连接应满足构造要求，节点处

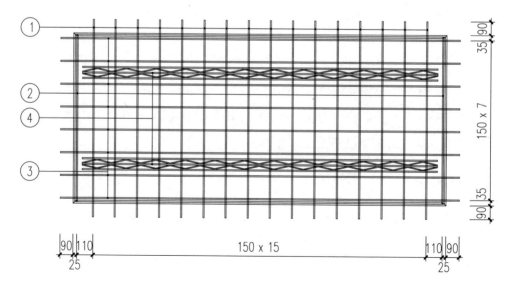

图5 预制构件深化设计出图示意

钢筋密集交错，经常造成钢筋无法绑扎，或者因绑扎过密出现无法浇筑混凝土等情况。利用结构BIM软件，设计人员可以在节点三维模型中实现真实的钢筋布置，将碰撞检查细化到钢筋级别，优化钢筋排布，并进行施工模拟，避免因碰撞、操作顺序等原因，导致无法施工或施工困难，确保施工方案合理可行。

通过对预制外墙的三维建模，能够准确反映PC构件的拆分是否合理，构件截面尺寸是否存在碰撞，构件重量是否满足生产、运输和现场安装要求，以及设备管线和预制构件的关系；能够在PC构件深化设计时指导设备管线预埋预留和洞口设置；能够提前反映施工阶段应注意的PC构件加工排产、施工措施，以及PC构件与现浇部分的施工次序等内容。

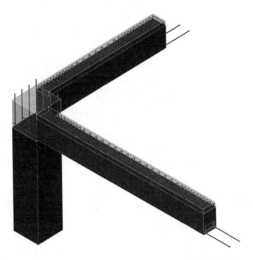

图6 预制梁柱连接节点

3.2.2 碰撞检测

碰撞检测在装配式建筑中的应用较常规建筑中更加广泛和重要。在装配式建筑设计中，除管线综合等专业间的碰撞检查外，预制构件之间的轮廓碰撞，以及预制构件内部钢筋与钢筋之间、钢筋与预埋件之间也是碰撞检查的重点。

相比传统二维设计，BIM设计有着强大的碰撞检查功能，可以快速生成碰撞检测报告，并在BIM模型中进行多专业联动修改。另外，在碰撞检测完成之后，BIM还可以模拟安装过程，避免安装过程存在问题造成设计变更甚至返工。

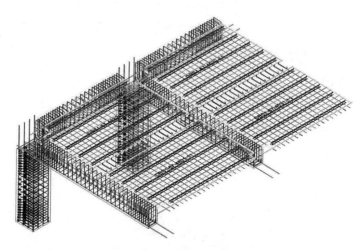

图7 预制叠合板和预制梁柱钢筋碰撞检查

3.2.3 构件生产指导

BIM建模是对建筑的真实反映。在生产加工过程中，BIM信息化技术能自动生成构件下料单、派工单、模具规格参数等生产表单，并且能通过可视化的直观表达帮助工人更好地理解设计意图，可以形成BIM生产模拟动画、流程图、说明图等辅助培训的材料，有助于提高工人生产的准确性和质量效率。

借助BIM进行施工现场组织及工序模拟。将施工进度计划写入BIM信息模型，将空间信息与时间信息整合在一个可视的4D模型中，就可以直观、精确地反映整个建筑的施工过程，提前预知本项目主要施工的控制方法、施工安排是否均衡，总体计划、场地布置是否合理，工序是否正确，并可以进行及时优化。

通过BIM模型能够校核PC方案的合理性，更好地保证PC方案的落地性，提醒设备专业在PC设计中需要注意的事项，提升后续PC构件深化设计的质量。

3.2.4 设计阶段楼座BIM模型

本项目地上实施装配式住宅楼共3栋，公建1栋。对4栋建筑进行BIM建模分析，如图8~图11所示。

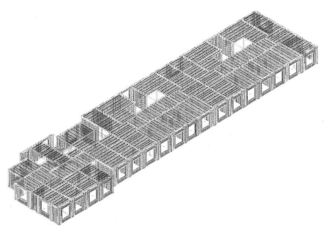

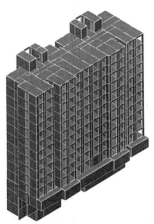

图8 某楼栋标准层构件及钢筋模型

图9 某楼栋整体模型

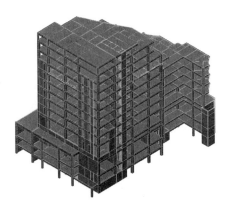

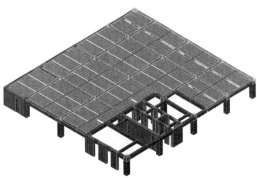

图10 配套设施整体模型

图11 配套标准层构件及钢筋模型

3.2.5 设计阶段典型预制构件模型

本项目典型预制构件模型如图12所示。

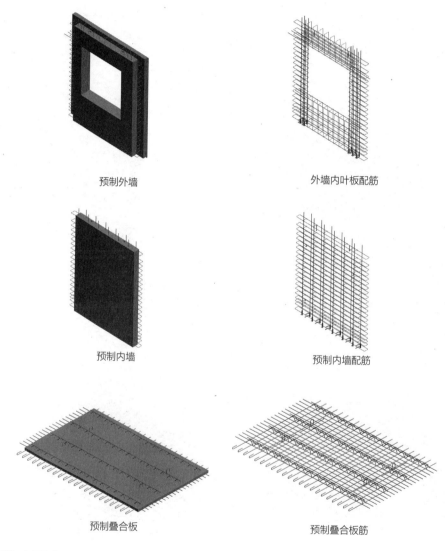

预制外墙　　　　　　　　　　　外墙内叶板配筋

预制内墙　　　　　　　　　　　预制内墙配筋

预制叠合板　　　　　　　　　　预制叠合板筋

图12　本项目典型预制构件图

案例 5 北京市通州区某项目装配式复盘

1 项目概况

1.1 地理位置

　　本项目位于北京市通州区台湖镇，西北距离地铁亦庄线1.6km（直线距离），东北距离正在建设的17号线960m（直线距离），交通便利。基地拥有便捷的交通资源和良好的城市展示面，未来区域升值潜力大。

1.2 地块组成及建筑信息

　　本地块为通州区某R2二类居住用地地块。规划用地面积约23200m²，总建筑面积约94000m²，地上建筑面积约58000m²，住宅地块容积率约为2.5。整个地块项目住宅共8栋楼，均为装配式建筑。

　　本项目含3种户型，住宅楼层为15~18层，层高均为2.95m。

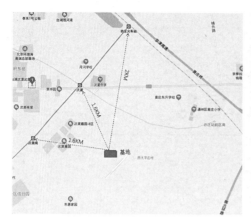

图1 项目区位示意图

图2 地块鸟瞰图

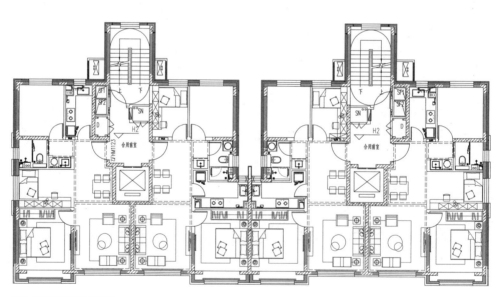

图3 某楼栋建筑平面图

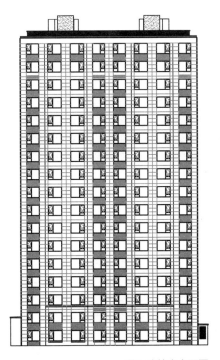

图4 建筑南立面图

2 装配率方案

2.1 装配率方案确定

本项目装配率得分项为外围护墙非砌筑，墙体与保温、装饰一体化，内隔墙非砌筑，全装修，集成管线和吊顶，采用BIM技术。

各楼预制率均不小于40%，各楼装配率均不小于50%。

2.2 计算指标分析

2.2.1 外围护墙非砌筑范围

非砌筑范围：预制外墙楼层窗下墙均为预制墙板；各层楼梯间处、设备平台及阳台位置处的外围护墙均采用ALC条板。

砌筑范围：现浇外墙楼层的窗下墙及结构洞。

外围护墙体非砌筑的应用比例均不小于80%，得11分。

2.2.2 内隔墙非砌筑范围

所有楼栋内隔墙ALC条板的应用比例均不小于50%，得11分。内隔墙ALC条板要避开用水较多的房间，如卫生间处墙体。

2.2.3 外围护墙体与保温、装饰一体化

所有楼栋外围护墙体与保温、装饰一体化的应用比例均不小于70%，得8分。

3 主体结构方案

3.1 预制构件种类

预制构件类型为：夹芯保温外墙板、预制单层外墙板、预制飘窗板（无外叶板）、预制内墙板、预制叠合板、预制空调板、预制楼梯板。

3.2 典型预制平面图

预制墙体平面、叠合板平面，如图5、图6所示。

3.3 预制构件应用范围

根据预制率不小于40%、水平构件应用比例不小于70%的指标要求，确定水平构件、竖向构件的预制范围。

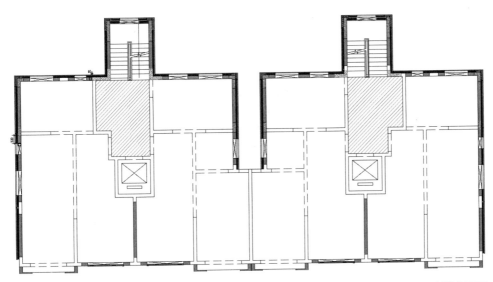

图5 预制墙体平面

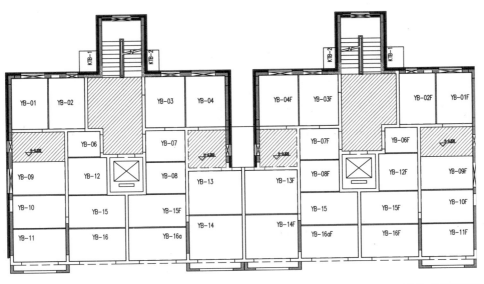

图6 叠合板平面

水平构件的预制与现浇情况为：

（1）一层顶板至次顶层顶板均采用叠合板；

（2）公共区域、楼梯平台板、管井及配电箱处采用现浇；

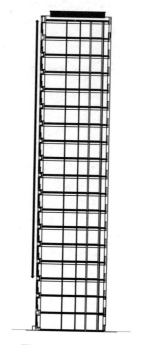

图7 预制构件应用范围

（3）二层至顶层采用预制楼梯（标准化梯段）。

竖向构件的预制与现浇情况为：

（1）首、二、三层外墙现浇；

（2）四层至顶层采用预制夹芯保温外墙；

（3）部分内墙采用预制内墙。

4 精细化设计要点

4.1 预制构件布置图注意事项

（1）首层户型非标准化，叠合楼板非标准化，增加了叠合板的种类。

（2）卫生间范围有降板，板中设有暗梁，暗梁宽度150mm，卫生间隔墙厚100mm，注意暗梁的位置，避免暗梁成为明梁而影响美观。

（3）为保证吊装安全，避免叠合板开裂，增加尺寸较大的叠合板的厚度。

（4）由于连廊和屋面退台，导致户型非标准化，预制构件类型较多，构件布置复杂，在构件深化时需特别关注。

（5）控制构件的尺寸和重量；本项目外墙板最长为4.43m，构件重量为4.8t；内墙板最长为3.3m，构件重量为5.0t；叠合板最大面积为12.7m^2，构件重量为2.64t；梯段板最大重量为1.5t。

4.2　水平构件深化设计注意事项

（1）叠合板板底设置企口，保证接缝处后浇混凝土不凸出叠合板底面。

（2）红外幕帘暗盒，只在一、二层顶设置。

4.3　竖向构件深化设计注意事项

（1）吊装埋件宜采用吊环，直径不得小于20mm，锚固长度不小于30D。

（2）梁下铁弯折进暗柱纵筋内侧，模板加工时需考虑钢筋的入模方式；梁下铁锚固长度不够时，端部增设锚固板。

4.4　其他注意事项

（1）飘窗预制时，飘窗板可与墙体整体预制，或飘窗板单独预制并在侧面预留连接钢筋，通过连接钢筋与主体墙体连接。本项目采用的是飘窗板单独预制的方式。为确保保温层的连续性和完整性，南侧预制外墙均后敷设保温层，范围如图8所示。

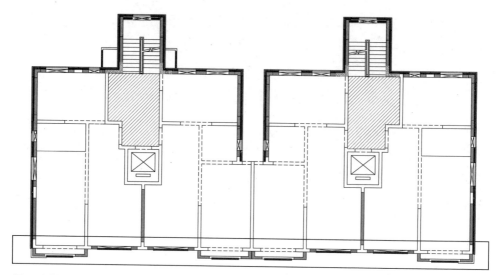

图8 后贴保温层的范围

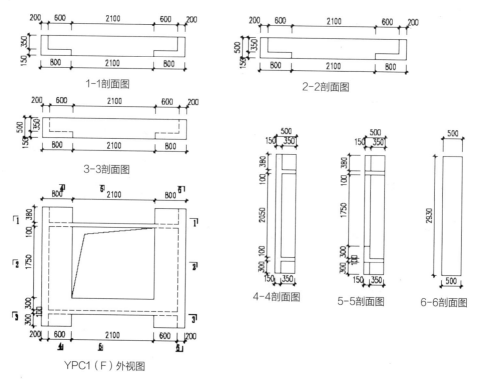

图9 预制飘窗深化图

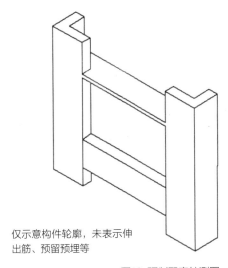

仅示意构件轮廓，未表示伸
出筋、预留预埋等

图10 预制飘窗轴测图

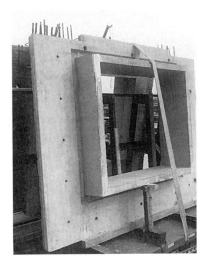

图11 预制飘窗

（2）楼梯间北侧外墙为预制外墙，处于半层高的位置，施工时预制墙应在浇筑与之相连的下层墙体之前吊装就位。

（3）空调板出筋需结合结构平面布置图，在楼板开洞位置，钢筋无法伸入板内锚固，需提前弯折或改变受力方向。

（4）连梁纵筋采用锚固板锚固时，注意水平方向宜一长一短，并宜加大钢筋沿梁高方向的间距，减小群锚的不利影响。

（5）预制墙墙身配筋方式采用矩形布置，左右边距相等，构件左右镜像和上下镜像均可安装。

（6）内墙拆分时，端部预留长400mm现浇暗柱，需注意现浇连梁底筋锚固长度是否满足要求。

（7）双连梁配置时，连梁顶标高宜与窗台齐，连梁底筋应避开套筒区域和线盒区域。

（8）正反构件绘制于同一张图中，相关构件在同一张图中表达，方便查看和修改。

图12 楼梯间北侧预制外墙

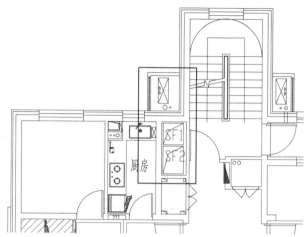

图13 建筑局部平面图

图14 预制空调板

图15 锚固板（3和4宜加长）

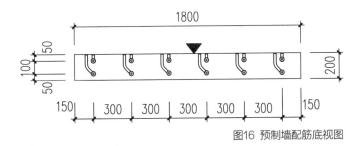

图16　预制墙配筋底视图

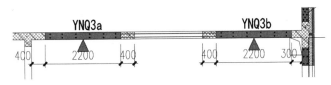

图17　结构拆分局部平面图

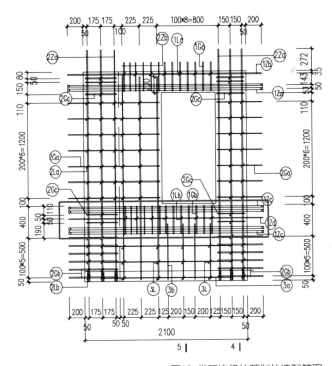

图18　带双连梁的预制外墙配筋图

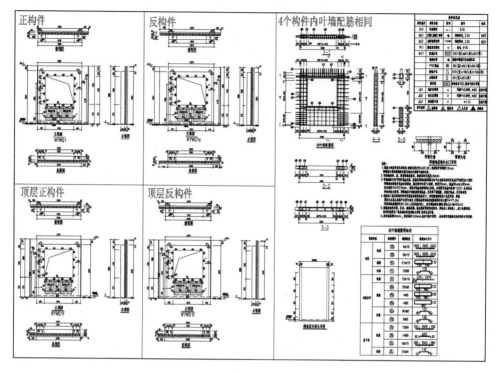

图19 构件详图

案例 6 北京市大兴区某项目装配式深化复盘

1 项目概况

　　本项目位于南六环外大兴区，该地块为R2二类居住用地，建设用地规模约4.8万m²，地上建筑面积约10万m²。

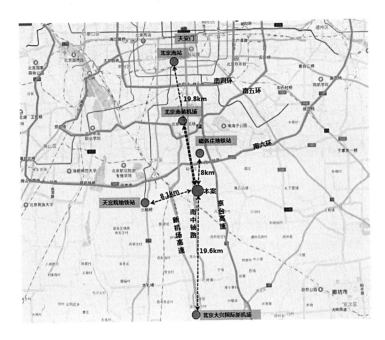

图1 项目区位图

1.1 项目区位

项目地处京南中轴线上,距南六环4km,距首都第二机场20km,主要受第二机场辐射影响。

现阶段出行主要依靠北京新机场高速、南中轴路等道路交通,已运营的地铁4号线天宫院站距离本项目约8.1km,较为不便;北京地铁新机场线磁各庄站距离本项目约8km。

图2 项目鸟瞰图

1.2 产业化实施目标

按照北京市政策要求,该地块上所有楼栋(住宅楼)均应采用装配式建筑,且应满足预制率40%、装配率50%的要求。

2 预制构件深化设计

2.1 典型户型、典型楼层平面布置图

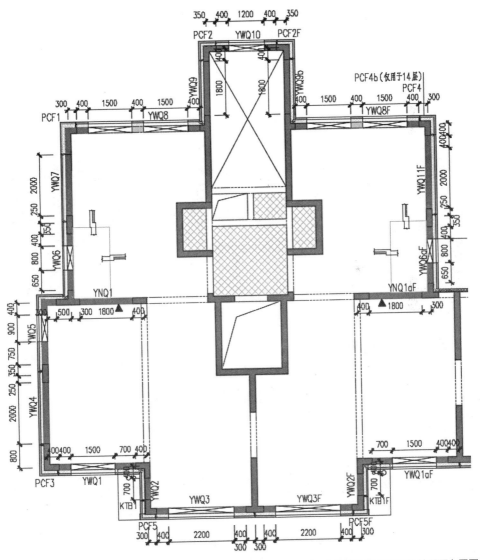

图3 典型楼栋竖向预制构件平面布置图

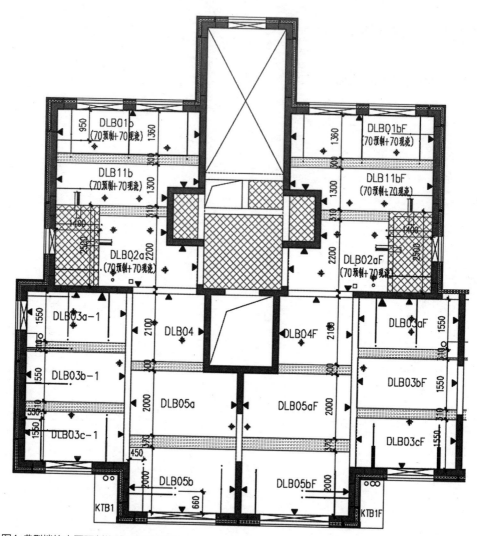

图4 典型楼栋水平预制构件平面布置图

2.2 预制构件布置的注意事项

（1）首层户型非标准化，叠合楼板非标准化。

（2）卫生间区域降板50mm，节点图如图5所示。

（3）由于连廊和屋面退台，导致预制构件种类较多。

（4）本项目异形预制墙体构件较多，需注意生产方式和运输吊装方式，采取保护措施。

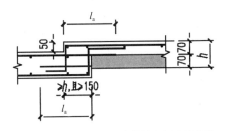

图5　降板连接节点（140板厚）

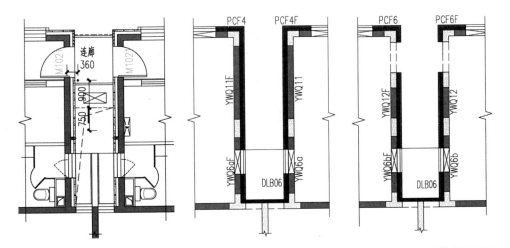

图6　十二层连廊处建筑平面图　　图7　标准层竖向预制构件平面图　　图8　十二层竖向预制构件平面图

2.3　预制构件深化设计注意事项

（1）需和厂家提前确认是否有预埋VRV空调系统。

（2）预制墙吊装埋件采用吊环，直径不得小于20mm，锚固长度不小于30D，具体直径由计算确定。

（3）根据门窗单位要求，预埋防腐木砖应布置于保温层靠外一侧，如图10所示。

（4）为保证灌浆饱满度，预制墙体除设置灌浆孔外还需设置观察孔。

（5）预制外墙板应采用金属拉结件，拉结件布置应有对应计算书。

（6）本项目预制构件编码采用了"一物一码"的编码规则，有利于工厂加工生产，便于现场吊装；但也会有装配式图纸复杂、设计工作繁复的特点。

（7）在带有窗洞的预制外墙上，外架点位+吊环+模板孔导致点位在此区域过于集中，不易生产。建议这种情况提前考虑、合理设置。

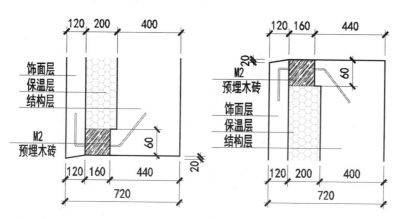

图9　预埋防腐木砖布置图

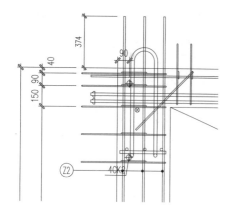

图10　预制墙体点位碰撞示意图

3 生产情况

3.1 典型构件图纸示例

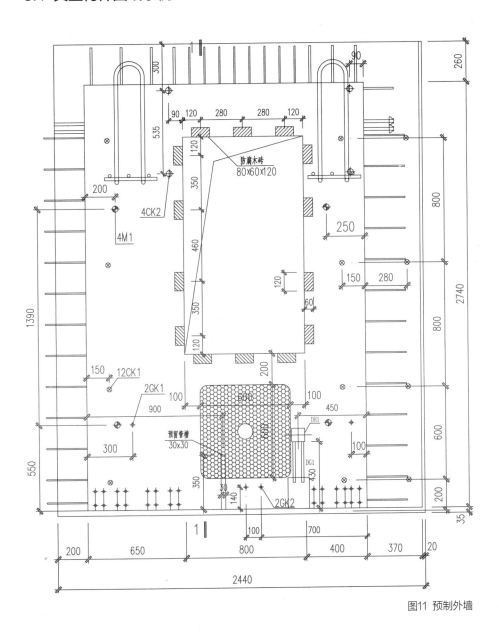

图11 预制外墙

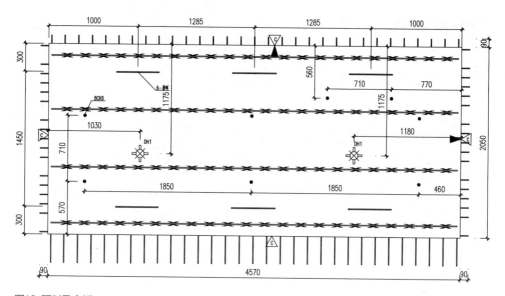

图12 预制叠合板

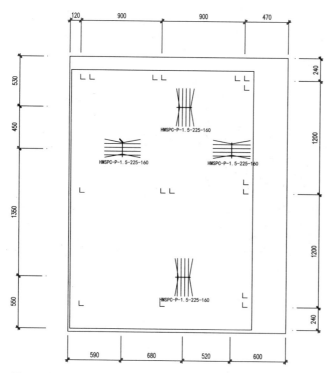

图13 预制外墙拉结件布置

3.2 针对项目的驻场工作

本项目按北京市要求施行40%的预制率政策，预制混凝土方量约2.0万m³。为保障项目预制构件的顺利供货，特遣工作人员进行驻厂服务，对工厂发生的问题，做到随发生随解决，避免因构件生产耽误项目工期。工厂生产情况复杂，驻厂工作可对现场问题有效把控。

（1）由于方案限制，本项目涉及异形构件，生产时无法利用流水线模台，限制生产效率，工厂生产时建议合理排产以保障工期。

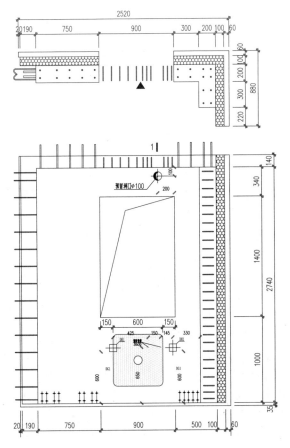

图14 L形预制外墙

（2）加强生产深化图纸的审查。预制构件深化图设计是装配式建筑能否实现工业化的关键，构件一旦进入生产阶段，如再进行修改，将极大地影响构件的生产进度，进而影响工期。

（3）原材料质量的控制。由于预制构件原材料涉及批次较多，建议正式拌制前进行混凝土配合比的验证工作，正式拌制时需要对原材料进行抽查，拌制好的混凝土还应进行坍落度的测试。

（4）强化验收工作。着重编制验收工作流程、质量控制要点和验收项目的控制值。装配式建筑预制构件的验收项目控制值不同于现浇结构和常规构件，除常规验收项目外，还应特别注意套筒准确定位，预埋管线、洞口和吊筋不发生遗漏现象。

（5）关注成品的养护。预制构件的质量贯穿于整个养护周期，养护是一个重要的环节，及时进行养护有利于预制构件强度的发展。应主要关注构件湿度的保持、拆模时强度和养护龄期；检查构件堆放情况时，应主要检查场地是否平整、构件是否采用针对性的固定措施、构件叠放层数是否合理等。

图15 预制构件堆场

图16
预制外墙模具

图17
预制构件生产

图18
预制构件运输

案例

7 北京市丰台区
某项目装配式复盘

1 项目概况

本项目位于北京市丰台区，紧邻丽泽商务区、金融街商圈。

本项目建设用地面积约为6.5万m²，包含3个地块，用地性质分别为：F1住宅混合公建用地、B4综合性商业金融服务业用地、A33基础教育用地。总建筑面积约33万m²，其中：地上建筑面积约19万m²，地下建筑面积约14万m²。

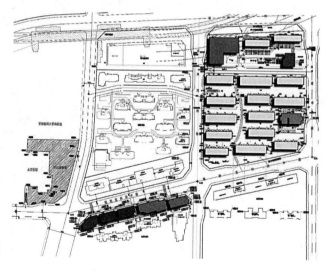

图1 项目总平面示意图

图2
项目鸟瞰图

1.1 项目平面特点

（1）平面户型较多，重复率低，建筑平面差异较大。对于多层叠拼单体，标准层重复次数少，仅能通过单元的大量重复来提高构件的重复率。

（2）业态丰富，包括公建、叠拼、超过60m住宅、小高层住宅。各单体结构体系、产业化指标均有较大差异。

1.2 项目立面特点

高层住宅的立面为米黄色和深咖色真石漆饰面，立面风格满足产业化、标准化、模块化的设计要求，在窗口增加斜面设计，简约、大气，同时增添了整体立面的时尚感，斜面采用轻质墙板材料。

多层住宅的立面主要以米黄色和深咖色真石漆饰面为主，南立面底部两层局部为米黄色石材，与底部加强区的现浇层数匹配。

多层叠拼的立面为米黄色和深咖色真石漆饰面，窗口周边设置金属窗框，坡屋顶采用金属板屋顶。

在夹芯保温外墙板上实施复杂的立面效果，有一定的难度，因外叶墙板较薄，且在工厂提前预制，外饰面的凹凸和预埋件固定均受到严格限制。

当装配式建筑应用在保障房领域时，其外立面普遍比较简单、变化较少，同时具有凸出收进较少、线条规整、材质单一等特点。外立面的特点决定了其比较适合利用预制混凝土夹芯保温外墙板实现保温装饰一体化，充分发挥预制混凝土夹芯保温外墙板的优势。

除在外叶板直接实现立面造型外，也可通过在悬挑构件上固定的方式形成立面上的"骨架"，产生变化的效果和韵律感。还有工程采用在外叶墙板外贴EPS形成线条，但该线条质感、挺拔感较差，无法满足高品质建造的立面效果，且耐久性有待考证。

图3 高层住宅立面图

图4 多层住宅立面图

图5 多层叠拼效果图

图6 多层叠拼立面图

2 项目方案

2.1 预制率方案

根据各单体的预制率要求和结构平面特点，住宅部分采用装配整体式剪力墙结构，公建部分采用预制框架剪力墙结构。

各楼栋结构体系及预制构件统计表　　　　　　　　　　　　表1

楼栋	高度（m）	结构体系	采用的预制构件	备注
公建1	大于60	装配整体式框架－现浇核心筒结构	叠合楼板、叠合框架梁、钢次梁、预制楼梯	首层顶板至顶层底板，楼板采用叠合板、叠合框架梁、钢次梁
公建2、3	小于60	装配整体式框架－现浇剪力墙结构	叠合楼板、叠合框架梁、钢次梁、预制柱、预制楼梯	首层顶板至顶层底板，楼板采用叠合板、叠合框架梁、钢次梁，二层至顶层部分柱采用预制柱
高层住宅	小于60	装配式整体剪力墙结构	叠合楼板、预制空调板、预制楼梯、预制内墙、预制夹芯保温外墙	首层顶板至顶层底板，楼板采用叠合板，三层至顶层部分内墙采用预制内墙，外墙采用预制夹芯保温外墙
多层叠拼	小于60	装配式整体剪力墙结构	叠合楼板、预制楼梯、预制内墙、预制夹芯保温外墙	首层顶板至顶层水平构件采用叠合板；从首层开始外墙采用预制夹芯保温外墙板，部分内墙采用预制内墙板

2.2 装配率方案

各楼栋装配率方案　　　　　　　　　　　　表2

楼栋号	公共区域	厨房	卫生间	内隔墙	外围护
高层住宅	集成管线和吊顶	集成管线和吊顶	采用集成管线和吊顶	ALC墙板	预制夹芯保温外墙板
多层叠拼	—	集成管线和吊顶			预制夹芯保温外墙板
公建1	集成管线和吊顶	无此项			窗墙体系，穿孔铝板及ALC板
公建2					干挂石材和铝板的幕墙体系
公建3					ALC墙板

3 设计流程及工作内容

3.1 管控流程

3.1.1 外审前的流程

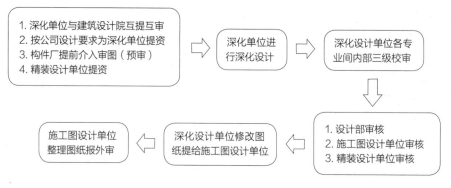

图7 外审前流程图

3.1.2 外审后的流程

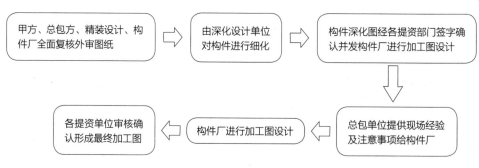

图8 外审后流程图

3.2 设计配合工作

（1）在加工制作详图开始绘制之前，设计单位将设计过程中的设计意图、重点难点、风险控制点、图纸补充说明、特别需要注意的地方提示给加工、施工单位，指导设计要点落地，确保细节措施各单位交圈，针对可优化的部分进行讨论。

（2）配合考察及构件验收。

配合工程、成本、招采部门对构件厂进行考察调研，摸清构件加工的每个工序，考察构件的生产过程是否满足国家及行业要求。

在预制构件开始批量生产之前，设计院、PC设计方、设计部、工程部、总包、监理等前往构件厂，针对典型构件，进行首件验收，确保加工工艺、流程、精度、质量等满足设计及施工要求，验收合格后才可批量生产。

（3）样板段搭建。

在首件验收之后，将典型结构单元搭建工程样板段，1∶1展示实际效果；同时，对重要的施工工序、施工方案及措施、节点连接等进行操作演练，判断目前做法是否可行、高效、质量易保证，并对可能出现的问题提前预警。

（4）材料、产品把控。

配合工程对内墙ALC板、外墙穿孔铝板、保温及拉结件等材料或产品进行封样、选型，保证效果；对于有技术参数要求的产品，对产品资料、试验报告等进行审核并反馈。

（5）首段验收。

设计院、PC设计方参加施工单位组织的装配式施工组织设计评审，评审通过后，方可进行装配式施工。在第一个典型施工段完成后，各方参与首段验收；判断设计的落地性，施工质量及精度是否满足要求、是否严格按图施工，规避在各阶段出现的安全、质量、进度、验收等风险。

（6）设计巡检。

每个月组织工程部、咨询单位、设计院等对施工现场进行设计巡检，及时发现问题，形成巡检报告。由工程部针对问题，及时督促总包整改并进行整改后的反馈。

（7）工地服务。

每周三现场工地服务，现场答疑总包单位提出的图纸问题，尽量做到当天问题当天解决。定期上传加工、施工阶段的照片、视频至建设单位、监理单位及设计单位。

（8）设计变更。

图纸上错漏碰缺的问题、做法难以实现需要变更等问题，及时安排设计院在48h内完成相应变更，保证现场施工工作顺利进行。

（9）设计经验。

1）标准化设计。

①形成标准化户型产品库，优化布置及开间尺寸；

②形成做法节点库，完善工艺要点及材质选用。

2）精细化设计。

①减少户内梁布置（减少支撑，便于叠合板布置，且板厚可充分利用，也便于现场穿管）；

②细化桁架高度与现浇范围，与现场机电布管协调，避免板面超高，加快施工进度；

③减少超大或异形构件，保证构件均可进养护窑，缩短加工周期；

④利于三维软件排查阴阳角特殊做法、安装顺序要求、构件与钢筋碰撞等；

⑤平衡各构件大小及重量，减少吊次，选择合理的塔吊型号。

3）施组设计前置并与设计勤沟通。

①针对实施难点，设计提前交底，施工尽早确定专项方案（如超长PCF、飘窗构件）；

②压槽、倒角、手口大小等构件细部工艺应在深化之前提前确定；

③施工洞留设及外架体系、墙板支撑体系等应在构件详图绘制之前提前考虑；

④车库顶板的荷载限值应考虑构件运输车的荷载；

⑤塔吊与预制构件的吊装相匹配。

4）机电预留。

①机电预留需总包、设计院各方会审确认，构件厂校核确认无误，各方会审；

②可考虑采用BIM进行三维复核；

③精装与土建同步出图；

④若在加工施工过程中发现问题，各方及时配合修改。

案例

8 北京市房山区 某项目装配式复盘

1 项目概况

本项目位于北京市房山区，紧邻西南六环。总建筑面积约16万m²，地上建筑面积约10万m²。

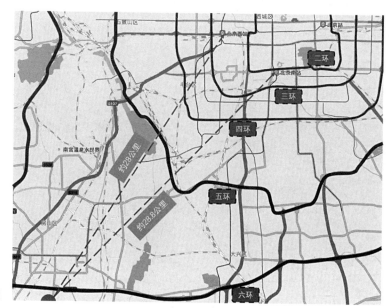

图1 项目区位示意图

　　立面以涂料为主，采用新中式风格，并以标准模块的形式，通过多种组合达到和谐且富于变化的景致，与城市的风格浑然一体。

图2　立面图

2　项目方案

2.1　装配率得分方案

　　本项目所有住宅楼均实施装配式，共15栋楼6个户型。所有单体建筑均采用装配整体式剪力墙体系。预制范围见表1所列。

预制范围表   表1

楼号	单元数	地上层数	预制范围	
			水平构件	竖向构件
住宅1	4	12	1层顶~次顶层顶	3层~顶层
住宅2	4	12	1层顶~次顶层顶	3层~顶层
住宅3	2	12	1层顶~次顶层顶	3层~顶层
住宅4	4	6	1层顶~次顶层顶	1层~顶层
住宅5	2	10	1层顶~次顶层顶	3层~顶层
住宅6	2	10	1层顶~次顶层顶	3层~顶层
住宅7	2	12	1层顶~次顶层顶	3层~顶层
住宅8	2	12	1层顶~次顶层顶	3层~顶层
住宅9	3	15	1层顶~次顶层顶	3层~顶层
住宅10	4	15	1层顶~次顶层顶	3层~顶层
住宅11	2	12	1层顶~次顶层顶	3层~顶层
住宅12	3	15	1层顶~次顶层顶	3层~顶层
住宅13	3	15	1层顶~次顶层顶	3层~顶层
住宅14	2	12	1层顶~次顶层顶	3层~顶层
住宅15	4	15	1层顶~次顶层顶	3层~顶层

预制构件类型包括：预制叠合楼板、预制空调板、预制阳台板、预制内墙板、预制外墙板、预制飘窗板。满足预制率大于40%的要求。

本项目采用的其他装配式技术包括：外围护墙非砌筑、内隔墙非砌筑、全装修、干式工法地面、集成管线和吊顶、BIM应用等。各楼均满足装配率50%的要求。

2.2 平面布置方案

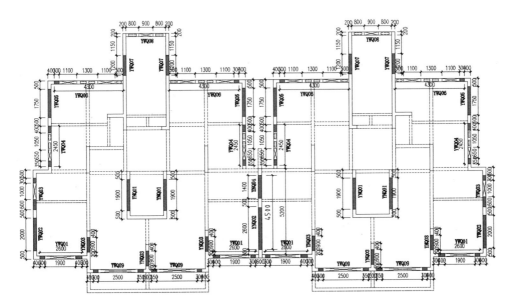

图3 某楼栋墙板平面布置图

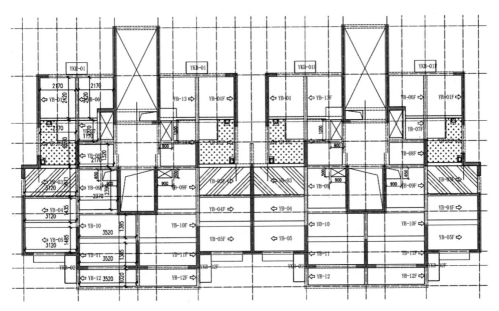

图4 某楼栋叠合板平面布置图

3 装配式部品

3.1 干式工法地面

本项目部分区域地面采用干式工法地面，摒弃传统湿法施工工艺，具有高强度承载能力，保温、隔热、隔声效果良好。

3.2 集成吊顶系统

本项目部分区域吊顶采用装配式架空吊顶系统，应用定型龙骨，适用于多种室内顶面安装材料（高精石膏板、矿棉板、铝板、PVC、软膜天花等），实现了真正的顶面材料与设备系统的集成设计。在吊顶板上还可以粘贴壁布、壁纸、木饰面等材料。整个吊顶系统要比传统湿作业省去水泥砂浆、腻子、乳胶漆、安装主副龙骨的步骤，大大缩短了施工时间。

图5 集成吊顶

天津市政策介绍

　　天津市装配式政策已经历了三个发展阶段，其中第三阶段为过渡阶段，新的标准已在酝酿，征求意见稿已于2020年4月发布。

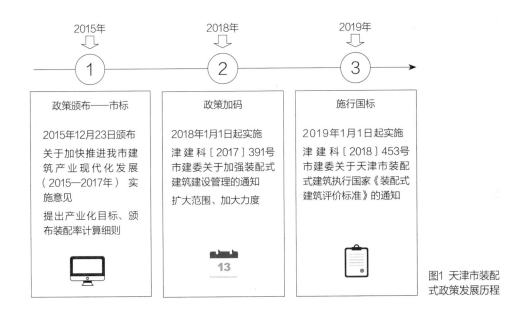

图1 天津市装配式政策发展历程

1 第一阶段（543号文）

　　天津市住房和城乡建设委员会2015年开始颁布第一个装配式政策文件，《关于加快推进我市建筑产业现代化发展（2015—2017年）实施意见》（津建科〔2015〕543号），对装配式实施范围和预制装配率提出了规定。

天津市城乡建设委员会文件

津建科〔2015〕543号

市建委等七部门联合印发关于加快推进我市建筑产业现代化发展（2015-2017年）实施意见的通知

关于加快推进我市建筑产业现代化发展（2015-2017年）实施意见

2015年12月23日

二、建筑产业现代化方式建造认定标准

（二）预制装配整体式建筑的认定

采用预制装配整体式钢筋混凝土结构体系的住宅及公共建筑，其单体预制装配率均应不低于30%，且建筑外墙宜采用混凝土预制夹芯保温墙体。

采用钢结构体系的建筑，其单体预制装配率应不低于50%，且预制外墙宜采用预制夹芯保温墙板。

采用其他结构体系新建的预制装配整体式建筑，应经过市建设行政主管部门组织认定。

三、实施范围

（一）保障性住房和5万平方米及以上公共建筑应采用预制装配整体式建筑模式实施。

（二）建筑面积10万平方米及以上新建商品房建设项目中采用预制装配整体式建筑模式的比例不应低于总面积的30%。

… …

本实施意见自发布之日起实施。

图2 天津市第一个装配式政策文件

2 第二阶段（391号文）

2017年，天津市住房和城乡建设委员会颁布了《市建委关于加强装配式建筑建设管理的通知》（津建科〔2017〕391号），装配式建筑实施范围和内容进一步扩大。

天津市城乡建设委员会文件

津建科〔2017〕391号

市建委关于加强装配式建筑建设管理的通知

滨海新区建交局、各区建委，各有关单位：

按照《天津市人民政府办公厅印发关于大力发展装配式建筑实施方案的通知》（津政办函〔2017〕66号）要求，本市装配式建筑将进入试点推广期，实施范围和内容进一步扩大，为加强装配式建筑建设管理，现就有关事项通知如下：

一、本市民用建筑项目应当按照规定要求实施装配式建筑。2018年1月1日起，以下范围项目全部实施装配式建筑。1、2015年12月23日后立项的保障性住房项目； 2、2017年7月7日后立项的政府投资项目；3、公共建筑项目；4、中心城区、滨海新区核心区和中新生态城商品住房项目；5、2015年12月23日后取得规划条件的其他区域宗地建筑面积10万平方米及以上（不含地下建筑面积）商品住房的30%部分。

实施装配式建筑的保障性住房和商品住房全装修比例达到100%。

… …

七、前款规定范围的项目2018年7月1日前未取得施工图设计文件审查合格书的，执行本通知要求；2018年7月1日前已取得施工图设计文件审查合格书的，按施工图审查要求实施装配式建筑。

八、本通知自2018年1月1日起施行，有效期至2020年12月31日。

文件内容

图3 天津市391号文相关内容

中心城区、滨海新区核心区和中新生态城四至范围示意图

中心城区范围：外环线（含东北部调整线）以内区域
滨海新区核心区范围：北至京津高速、南至京晋高速、西至西外环、东至海滨大道
中新生态城范围：东至汉北公路与中央大道、西至蓟运河、南至永定新河入海口、北至津汉快速路

文件图纸

2018年7月1日前未取得施工图设计文件审查合格书的项目按下表实施装配式建筑

序号	项目类型	实施地点范围	时间节点（2018.7.1前未取得施工图设计文件审查合格书）	备注
1	保障房项目	全市范围	2015年12月23日后立项的100%应采用装配式建筑	2015年12月23日前取得立项的可不采用装配式建筑
2	政府投资项目	全市范围	2017年7月7日后立项的100%应采用装配式建筑。2017年7月7日前立项的保障房项目按序号1判定。2017年7月7日前立项的公共建筑项目按序号3判定	
3	公共建筑项目	全市范围	2015年12月23日起至2017年12月31日止，取得规划条件（政府投资项目以立项时间为准）且大于等于5万平方米的公共建筑项目应采用装配式建筑。2018年1月1日后取得规划条件（政府投资项目以立项时间为准）的公共建筑具备条件的应采用装配式建筑	2015年12月23日前取得规划条件（政府投资项目以立项时间为准）的公共建筑项目可不采用装配式建筑
4	商品房项目	全市范围（除序号5外）	2015年12月23日后取得规划条件的宗地地上总建筑面积（含配套公建）10万平方米及以上的商品房30%部分做装配式。配套公建按序号3公共建筑项目判定	2015年12月23日前取得规划条件的可不采用装配式建筑。2015年12月23日后取得规划条件的宗地地上总建筑面积（含配套公建）10万平方米以下的可不采用装配式建筑
5	商品房项目	1. 中心城区 2. 滨海新区核心区 3. 中新生态城	2015年12月23日至2017年12月31日取得规划条件的宗地地上总建筑面积（含配套公建）10万平方米及以上的商品房项目30%部分应采用装配式建筑。2018年1月1日后取得规划条件的商品房项目，应全部采用装配式建筑。配套公建按序号3公共建筑项目判定	2015年12月23日前取得规划条件的可不采用装配式建筑。2015年12月23日至2017年12月31日取得规划条件的宗地地上总建筑面积（含配套公建）10万平方米以下的可不采用装配式建筑

2018年7月1日起实施装配式建筑的保障性住房和商品住房全装修比例达到100%

装配式建筑实施参照表

图3 天津市391号文相关内容（续）

3 第三阶段（453号文）

2018年，天津市住房和城乡建设委员会颁布了《市建委关于天津市装配式建筑执行国家〈装配式建筑评价标准〉的通知》（津建科〔2018〕453号），天津市装配式建筑装配率执行国家标准。

天津市城乡建设委员会文件

津建科〔2018〕453号

滨海新区建交局、各区建委、海河教育园经建局，各施工图审查机构，各有关单位：

住房城乡建设部批准的国家标准《装配式建筑评价标准》（GB/T51129-2017）已发布实施。为保证本市装配式建筑认定指标与国家标准的一致性，经研究决定，自2019年1月1日起，本市装配式建筑的装配率计算、认定和等级评价按照《装配式建筑评价标准》（GB/T51129-2017）执行。

为确保装配式建筑装配率计算方法的平稳转换，原《市建委关于印发〈天津市装配整体式建筑预制装配率计算细则（试行）〉的通知》（津建科〔2016〕464号）和《市建委关于印发〈天津市装配式混凝土框架结构、混凝土框架-剪力墙（核心筒）结构建筑预制装配率计算细则（试行）〉的通知》（津建科〔2017〕304号）继续执行到2018年12月31日，2019年1月1日废止。

特此通知。

2018年9月12日

文件内容

UDC

中华人民共和国国家标准   GB

P   GB/T 51129-2017

装配式建筑评价标准

Standard for assessment of prefabricated building

2017-12-12 发布   2018-02-01 实施

中华人民共和国住房和城乡建设部   联合发布
中华人民共和国国家质量监督检验检疫总局

3 基本规定

3.0.1 装配率计算和装配式建筑等级评价应以单体建筑作为计算和评价单元，并应符合下列规定：

1 单体建筑应按项目规划批准文件的建筑编号确认；

2 建筑由主楼和裙房组成时，主楼和裙房可按不同的单体建筑进行计算和评价；

3 单体建筑的层数不大于3层，且地上建筑面积不超过500m² 时，可由多个单体建筑组成建筑组团作为计算和评价单元。

3.0.2 装配式建筑评价应符合下列规定：

1 设计阶段宜进行预评价，并应按设计文件计算装配率；

2 项目评价应在项目竣工验收后进行，并应按竣工验收资料计算装配率和确定评价等级。

3.0.3 装配式建筑应同时满足下列要求：

1 主体结构部分的评价分值不低于20分；

2 围护墙和内隔墙部分的评价分值不低于10分；

3 采用全装修；

4 装配率不低于50%。

3.0.4 装配式建筑宜采用装配化装修。

标准规定

图4 相关文件与标准示意

4 新的地方标准

为做好工程建设地方标准编制工作，根据《市住房城乡建设委关于下达2019年天津市工程建设地方标准编制计划的通知》（津住建设〔2019〕27号）的要求，天津大学建筑设计研究院等单位编制完成了《天津市装配式建筑评价标准（征求意见稿）》。

天津地标采用类似国标评分方案，并根据天津地方特色进行了局部变动，增加了加分项。

装配式建筑评分表　　　　　　　　　　　　　　　　　　　　表1

评价项			评价要求	评价分值		最低分值
主体结构Q_1（50分）	柱、支撑、承重墙、延性墙板等竖向构件	混凝土预制构件	35%≤比例≤80%	20~30*	30	20
			15%≤比例<35%	5~10*		
		叠合剪力墙、叠合柱	50%<比例≤80%	10~15*		
		工厂组合钢筋-高精度免拆模板系统	50%-比例≤80%	10~15*		
		高精度模板系统	50%<比例≤80%	3~6*		
	梁、板、楼梯、阳台、空调板等构件		70%≤比例≤80%	10~20*		
围护墙和内隔墙Q_2（20分）	非承重围护墙非砌筑		比例≥80%	5		10
	围护墙、保温隔热一体化		50%≤比例≤80%	1~3*	5	
	围护墙、保温隔热、装饰一体化		50%≤比例≤80%	3~5*		
	内隔墙非砌筑		比例≥50%	5		
	内隔墙、管线、装修一体化		50%≤比例≤80%	2~5*	5	
	内隔墙、管线一体化		50%≤比例≤80%	1~3*		
装修和设备管线Q_3（30分）	全装修		—	6		6
	干式工法楼面、地面		70%≤比例≤90%	3~6*	6	4
			50%≤比例<70%	1~3*		
	管线分离	竖向布置管线与墙体分离	50%≤比例≤70%	1.5~3*	6	
		水平向布置管线与楼板和湿作业楼面垫层分离	50%≤比例≤70%	1.5~3*		
	集成卫生间		70%≤比例≤90%	3~6*		
	集成厨房		70%≤比例≤90%	3~6*		
加分项Q_5（8分）	预制构件标准化		重复使用率≥60%	2		
	工程采用EPC总承包方式		—	1		
	应用天津市建设领域推广应用新技术—装配式建筑技术		—	2		
	采用减隔震技术		—	1		
	住宅收纳空间		收纳空间体积比≥5%	1		
	BIM应用		全过程	1		

注：表中带"*"项的分值采用"内插法"计算，计算结果取小数点后一位。

案例

9 天津市某商住综合体 项目装配式复盘

1 项目概况

项目位于天津市东丽区的住宅开发，分A、B两个地块，A地块已经开发完毕，本项目为B地块，总建筑面积约10.8万m²。根据政府回复文件，住宅装配式实施范围为总建筑面积的30%，经过统一考虑面积和楼栋布置，B地块的两栋住宅需全做装配式，公建大于5万m²，需全做装配式，装配式实施面积约为10.4万m²。

图1
项目鸟瞰图

2 项目方案

本项目拿地时间较早，执行旧地标，地标评价标准为预制装配率（预制率+装配率）不小于30%。其中，剪力墙结构（住宅）按《天津市装配整体式建筑预制装配率计算细则（试行）》（津建科〔2016〕464号）计算，框架、框剪结构（公建）按《天津市装配式混凝土框架结构、混凝土框架–剪力墙（核心筒）结构建筑预制装配率计算细则（试行）》（津建科〔2017〕304号）进行计算。

2.1 装配率得分方案

住宅：参照《天津市装配整体式建筑预制装配率计算细则（试行）》（津建科〔2016〕464号）计算。

预制构件为叠合楼板、预制楼梯、预制内墙，采用预制率按标准层体积加权平均计算，计算得预制率K_1=20.12%。

装配率按表1得分项进行选择，K_2=10%。

钢筋混凝土剪力墙结构装配率（K_2）计算表   表1

装配部件		指标要求	装配率	
			标准值（%）	计算值（%）
外墙外保温与混凝土现浇一体化施工		装配比例≥70%	8	
非承重内隔墙		装配比例≥70%	4	
		50%≤装配比例<70%	2	
土建装修一体化	设计深度	施工图设计文件具有完整的室内装饰装修设计内容，设计深度满足国家相关标准的要求	2	2
	集成式厨房	装配比例≥70%	3	
		50%≤装配比例<70%	2	
	集成式卫生间	装配比例≥70%	3	
		50%≤装配比例<70%	2	

续表

装配部件	指标要求	装配率	
		标准值（%）	计算值（%）
预制管井	装配比例≥70%	3	3
预制排烟（气）道	装配比例≥70%	2	2
预制护栏	装配比例≥70%	3	3
预制栏板			
叠合层预制焊接钢筋网片	装配比例≥70%	2	
	50%≤装配比例<70%	1	
合计		30	10

综上，预制装配率$K=K_1+K_2=30.12\%≥30\%$，满足要求。

公建：按《天津市装配式混凝土框架结构、混凝土框架−剪力墙（核心筒）结构建筑预制装配率计算细则（试行）》（津建科〔2017〕304号）进行计算。

预制率根据表2进行计算，得预制率$K_1=21\%$。

预制率（K_1）计算表（外围护） 表2

结构构件项目	指标要求	预制率		备注
		标准值（%）	计算值（%）	
梁	预制比例≥75%	10		
	60%≤预制比例<75%	8		
	45%≤预制比例<60%	5		
框架柱、剪力墙	预制比例≥80%	15		
	65%≤预制比例<80%	12		
	50%≤预制比例<65%	8		
预制（叠合）楼板、阳台板	预制比例≥50%	10		
	40%≤预制比例<50%	8		
	30%≤预制比例<40%	6	6	

续表

结构构件项目	指标要求	预制率		备注
		标准值（%）	计算值（%）	
楼梯、空调板	预制比例≥80%	5	5	
	65%≤预制比例<80%	3		
非砌筑外围护墙（预制外墙板、单元式幕墙等）	预制比例≥80%	10	10	
	65%≤预制比例<80%	5		
合计		50	21	

注：建筑预制率不应低于20%。

装配率按表3得分项进行选择，$K_2=10\%$。

装配率（K_2）计算表　　　　　表3

装配部件		指标要求	装配率	
			标准值（%）	计算值（%）
非承重内隔墙		装配比例≥80%	10	
		50%≤装配比例<80%	5	
土建装修一体化	设计深度	施工图设计文件具有完整的室内装饰装修设计内容，设计深度应满足国家相关标准的要求	3	3
	集成式厨房	装配比例≥70%	4	
		50%≤装配比例<70%	2	
	集成式卫生间	装配比例≥70%	4	
		50%≤装配比例<70%	2	
预制管井		装配比例≥70%	3	3
预制通风道		装配比例≥70%	2	2
预制护栏 预制栏板		装配比例≥70%	2	2
叠合层预制焊接钢筋网片		装配比例≥70%	2	
		50%≤装配比例<70%	1	
合计			30	10

综上，预制装配率$K=K_1+K_2=31\%≥30\%$，满足要求。

2.2 平面布置方案

2.2.1 住宅部分

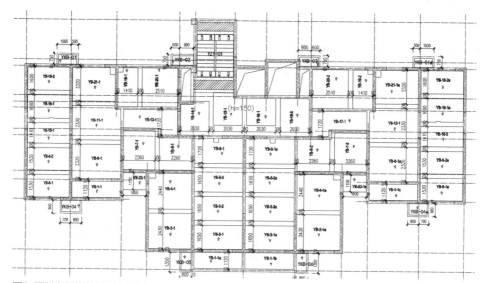

图2 预制水平构件平面布置图

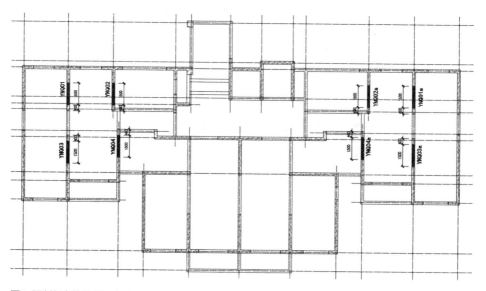

图3 预制竖向构件平面布置图

　　住宅单体采用了预制叠合楼板、预制楼梯板、预制空调板、预制内墙。因预制率要求，实施了部分预制竖向构件。

2.2.2 公建部分

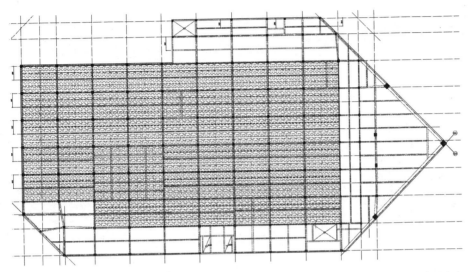

图4　钢筋桁架楼承板布置方案

3 设计亮点

3.1 新体系研究

　　天津地区旧地标推荐使用免支免拆体系，在新地标（征求意见稿）中应用免支免拆体系也为加分项，本次项目虽然没有应用，但此体系在天津有很大市场。

　　装配式免支免拆体系是在原有装配式免拆模板的基础上发展而来的新型建筑体系，由于其在设计上没有对建筑的受力方式进行更改，所以，在施工上，保留了传统现浇的方式，大大降低了施工难度，从而保证了施工质量。

　　装配式免支免拆楼板体系的核心材料由三部分组成，一为增强水泥纤维板，表面经过特殊处理，具备高抗压强度、高密度等物理特性，常规尺寸

3000mm×1200mm、2400mm×1200mm，厚度为12mm、15mm；二为C型槽钢，通过镀锌自攻螺钉固定在水泥纤维板上；三为钢筋桁架，可以提高楼板刚度，板跨较小时可以取消。

免拆模楼板　　　　　　免拆模楼梯　　　　　　免拆模梁柱

图5 免拆模体系的应用
（图片来源：天津盛为利华新型建材技术有限公司）

水泥纤维板　　　　　　C型槽钢　　　　　　钢桁架

图6 免拆模楼板体系组成
（图片来源：天津盛为利华新型建材技术有限公司）

图7　免拆模楼板体系
（图片来源：天津盛为利华新型建材技术有限公司）

　　装配式免支免拆体系在设计流程上类似于预制PC体系，施工图审查时应提供总说明、免拆体系平面布置图和节点做法详图，深化设计时提供加工详图等。

3.2　超高超长墙体的做法建议

　　本项目商业层高为9m，外围护墙采用ALC条板，而现有条板最大生产高度为6m。

　　对于超高超长墙体，其允许高厚比有可能超过《砌体结构设计规范》GB 50003—2011中的相关强制性条文，应加以验算，保证其稳定性和安全。对外墙、高烈度区墙体，还应验算墙在风、地震作用等水平荷载作用下的受弯受剪承载力。当与墙连接的相邻两横墙的间距小于$\mu_1\mu_2[\beta]H$时，墙高H可不受高厚比限制（μ_1为自承重墙允许高厚比的修正系数，μ_2为有门窗洞口墙允许高厚比的修正系数，$[\beta]$为墙、柱的允许高厚比）。

可能满足高厚比要求的墙厚　　表4

墙高 H（m）	$H<5.5\sim6$	$5.5\sim6<H<7.0\sim7.5$	$7.0\sim7.5<H<9.0$
墙厚（mm）	190	240	290

注：处于临界状态时，应多设构造柱。

3.2.1 提高墙体稳定性的方法

超高超长墙体当采用多设构造柱的办法仍不能满足高厚比要求时，可采用增大墙厚、增设可视为墙体不动铰支点的构造柱、增设可视为墙体不动铰支点的圈梁、轻钢龙骨隔墙四种方法来提高墙体稳定性，四种方法的优缺点比较详见表5，可针对各工程的具体情况择优选用，也可多种同时采用。

提高墙体稳定性的方法　　表5

提高墙体稳定性方法	增大墙厚	增设可视为墙体不动铰支点的构造柱	增设可视为墙体不动铰支点的圈梁	轻钢龙骨隔墙
优点	墙体平整无外凸	造价低	造价低	自重轻
缺点	1. 墙较厚，占用使用面积。 2. 自重大。 3. 适用的范围有限，墙高H=6~9m	构造柱凸出墙体，可能影响使用与美观	圈梁凸出墙体，当圈梁在吊顶下时影响使用与美观	造价高，保温隔声性能略差
最适用条件	墙高H=6~9m	高度小于跨度的墙体	跨度较小的墙体，可将圈梁藏在吊顶内的情况	$H>6$m的各种情况

注：1. 高度及跨度两个方向均很大的墙体，可同时增设可视为墙体不动铰支点的构造柱和圈梁。
　　2. 对顶部没有完整结构作可靠支点的高大墙体（悬臂结构填充墙）、特别大的墙体，宜采用轻钢龙骨隔墙。

3.2.2 可视为墙体不动铰支点的构造柱和圈梁的要求

可视为墙体不动铰支点的构造柱和圈梁的截面必须满足一定的要求。根据《砌体结构设计规范》GB 50003—2011，圈梁宽度＞墙长/30，圈梁高度可取不小于墙厚。当不允许增加圈梁宽度时，可按平面外刚度等效的原则增加高度。对构造柱亦类似，即柱截面高度＞柱净高/30。

可视为墙体不动铰支点的构造柱和圈梁，必须考虑其在水平风荷载和水平地震作用下的水平向强度、刚度和耐久性问题，其断面可能增加较多。

当将圈梁兼用作承担其上墙体重量的支承梁时，还必须考虑其竖向的强度、刚度和耐久性问题。

可视为墙体不动铰支点的构造柱和圈梁的最小断面（mm）　表6

圈梁、构造柱 长度（m）	<6	9	12	16	24	32	备注
圈梁梁宽×高	200×200	300×200	400×200	550×250	800×300	1100×400	梁宽、柱高按 1/30确定
构造柱柱高×宽	200×200	300×200	400×200	550×300	800×400		
圈梁梁宽×高	200×200	200×600	300×500	400×700	650×1000	900×1500	增加梁高（柱宽） 减少梁宽（柱高）
构造柱柱高×宽	200×200	200×600	350×350	450×450	700×700		

注：1. 根据《砌体结构设计规范》GB 50003—2011确定的最小断面，考虑风、地震、墙重的影响后断面可能增加较多。

　　2. 假定构造柱和圈梁两端有可靠约束。

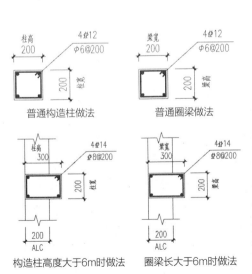

图8 构造柱圈梁做法

图9 构造柱圈梁实施案例
（图片来源：北京金隅加气混凝土有限责任公司）

案例 10 天津市东丽区某住宅项目装配式复盘

1 项目概况

项目位于天津市东丽区，总计容面积约7.8万m^2，按规划要求100%实施装配式。项目分住宅和小学两部分，住宅部分采用装配整体式剪力墙结构，小学采用框架结构。项目按国标装配率50%执行。

图1 项目鸟瞰图

2　项目方案

项目装配式要求执行国标《装配式建筑评价标准》GB/T 51129—2017。

2.1　装配率得分方案

经过多方面考察，对标已有类似项目，最终选用以下方案。

主体结构得20分：主要采用预制叠合楼板、预制楼梯板、预制空调板。

围护墙和内隔墙得10分：其中，围护墙非承重非砌筑得5分；内隔墙非砌筑得5分。

装修和设备管线得20分：全装修得6分；干式楼地面、集成厨卫共14分。

2.2　平面布置方案

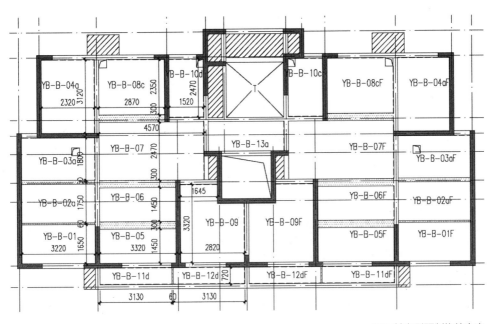

图2　某户型预制构件方案

图2为某户型预制构件方案，采用了预制叠合楼板、预制楼梯板。按国标要求，预制水平构件应用比例达到了80%，卫生间、厨房、前室等设备管线密集区域均实施了预制。

3 专项研究

3.1 预制大跨度板设计

在户型方案设计中，其中一户型出现大跨度板情况，按《装配式混凝土结构技术规程》JGJ 1—2014中6.6.2-4款要求，大于6m的叠合板，宜采用预应力混凝土预制板。针对此种情况，考虑了多种方案。

3.1.1 预应力叠合板

预应力叠合板做法与普通叠合板类似，由预制底板和现浇层组成，区别在于板底筋采用预应力钢筋（螺旋肋钢丝或冷轧带肋钢筋），底板混凝土强度不小于C40，板厚由跨度决定。

3.1.2 SPD叠合预应力空心板

SPD板指在对SP板顶面经过人工处理成凹凸不小于4mm的粗糙面后与现浇细石混凝土叠合层粘结成整体，共同受力的板。

SPD板底部采用预应力钢绞线，顶部做60～80mm厚现浇混凝土，双向满铺钢筋。此体系引自美国，一般应用于车库、工厂、商场等大跨度公建中，在住宅中应用较少，主要原因在于挠度很难控制，在对品质要求极高的住宅产品中，应慎用。

3.1.3　PK预应力混凝土叠合板

PK预应力混凝土叠合板（以下简称PK板）是一种新型板型，迄今已发展三代，最新产品为预应力混凝土钢管桁架叠合板（PKIII），可应用于大跨度楼板。

PK板底板厚度35/40mm，底板用C40、C50混凝土，底筋采用1570、1860级预应力钢丝，底板上加钢管混凝土桁架，钢管内填高强度等级砂浆，刚度适度，可避免严重反拱，宽度1.5～3m，长度3～12m。

图3　预应力叠合板

（图片来源：山东万斯达集团有限公司）

图5　SP板施工过程

（图片来源：施工过程中拍摄，取自三一产业园沙特项目样板房）

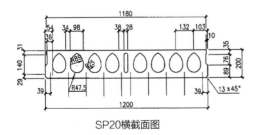

SP20横截面图

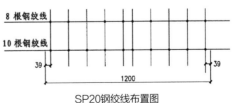

SP20钢绞线布置图

图4　典型SP板构件截面

（图片来源：建筑标准设计研究院. SP预应力空心板 05SG408[Z]. 2005）

图6 PK板生产和施工
（图片来源：山东万斯达集团有限公司）

　　PK板可较好地应用在大跨度住宅中，缺点在于此产品为单一厂家生产，厂家只在山东有工厂，河北工厂在筹建，运输成本较高。

3.1.4 总结

　　普通预应力叠合板、SPD叠合预应力空心板、PK预应力混凝土叠合板原理类似，都为下部受力钢筋采用预应力筋来提高楼板的承载能力，并控制挠度过大产生变形。目前，在住宅中应用预应力叠合板较少，具体如何发展，周边工厂是否能生产出合格产品，现场施工挠度如何控制，还需进一步研究。

3.2 ALC专项分析

　　ALC条板使用过程中易开裂，出现裂缝的主要原因有两个：温湿度裂缝和应力裂缝。解决方案从材料和施工工艺两方面考虑。

3.2.1 材料

　　ALC条板原料有硅砂和粉煤灰两种，采用硅砂干缩值小，产品品质稳定，为优选。

3.2.2 施工工艺

（1）含水率

天津为严寒及寒冷地区，上墙含水率控制在15%～20%；墙板安装上墙后，控制粉刷时间，使其充分干燥。

（2）安装顺序

1）安装至端头部位时留置至少一块板材的宽度（具体可根据现场实际情况留置，但不得小于一块板材的宽度）暂时不安装，待整个墙体安装完毕至少15d后方可进行最后一块板材的安装。

2）板材与板材之间的裂缝收面处理选择在整个板材墙面安装完毕至少28d后进行处理（主要考虑板材本身产生的温度应力以及实际施工中产生的拉力、压力等稳定）；拼缝处理完毕后及时进行。

（3）板底支撑

工艺改进：墙底部取消木楔临时支撑做法，避免木楔松动造成墙板沉降。

（4）板顶支撑

ALC板与结构板（梁）底或结构柱（墙）侧预留20mm缝，避免结构变形造成板出现应力。

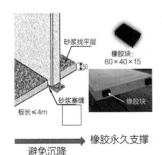

图7　板底支撑
（图片来源：北京金隅加气混凝
土有限责任公司）

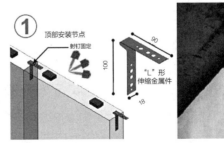

图8　板顶L形埋件固定
（图片来源：北京金隅加气混凝土有限责任公司）

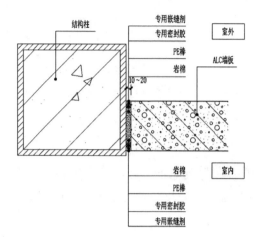

图9 墙（柱）侧预留缝示意
（图片来源：北京金隅加气混凝土有限责任公司）

（5）板间缝设置

当墙长不大于6m时，板间采用密拼缝构造；大于6m时，采用柔性缝构造。

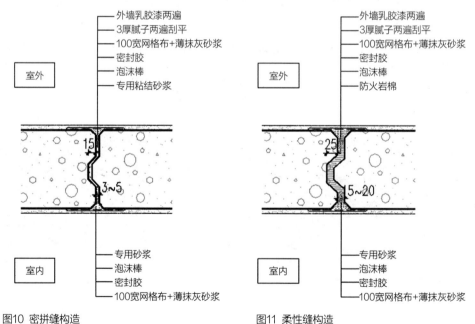

图10 密拼缝构造
（图片来源：北京金隅加气混凝土有限责任公司）

图11 柔性缝构造
（图片来源：北京金隅加气混凝土有限责任公司）

（6）管线布置原则

开槽措施：墙板开槽宜沿墙板纵向切槽，开槽深度不得大于1/3板厚。

当必须沿横向开槽，外墙板槽长度不大于1/2板宽，槽深不大于20mm，槽宽不大于30mm；内墙板槽深不大于1/3板厚。隔墙板上的竖向管线不宜设在竖板间拼缝位置，竖向管线较集中部位宜用C20混凝土现浇固定。管线敷设后应用1：3水泥砂浆填实，表面略低于墙板面5mm，再用专用修补材料补平。

图12 管线开槽不合理
（图片来源：北京金隔加气混凝土有限责任公司）

3.2.3 创新做法

如果项目品质要求高，采用ALC条板+水泥纤维板复合板材可彻底解决裂缝问题。此种做法要求较高，目前只在高端住宅中有所应用，如北京奥体附近盘古大观等。

　　复合板材做法：ALC内墙板顶部与结构连接处采用U形卡连接，底部采用U形卡连接，墙体两侧采用纤维增强复合板做饰面，之间用聚合物水泥基粘结砂浆或化学结构胶，辅助以自攻钉加固。这种做法可有效抵抗变形导致接缝处开裂问题。

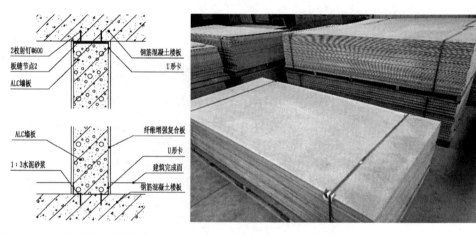

图13　ALC条板+水泥纤维板复合板材
（图片来源：北京金隅加气混凝土有限责任公司）

河北省及张家口市政策介绍

1 河北省政策介绍

2020年3月2日，河北省住房和城乡建设厅印发《2020年全省建筑节能与科技和装配式建筑工作要点》，指出主要工作目标：

（1）城镇新建绿色建筑占新建建筑比例达到85%以上；

（2）超低能耗建筑累计建设达到350万平方米；

（3）装配式建筑占城镇新建建筑面积比例达到20%以上；

（4）建设科技水平进一步提升，完成一批新技术应用示范工程。

工作要点中提出了推进装配式建筑建设的重点任务：

（1）强化规划引领，启动省"十四五"装配式建筑发展规划编制工作，明确发展目标、工作重点、产业布局、支持政策和保证措施；指导各市装配式建筑发展规划编制工作。

（2）培育装配式建筑示范市，开展第二批省装配式建筑示范县（区、市）申报工作，推动装配式建筑区域发展、市区与县域协同发展。

（3）支持现有国家和省装配式建筑产业项目提升技术体系的规范化和适用性，继续培育省装配式建筑产业项目，提高项目覆盖率和发展质量。

（4）重点指导各地进一步明确2020年装配式建筑发展目标、重点发展区域，完善支持政策和装配式建筑建设要求，推动装配式建筑项目开工建设。

（5）选择2~3个市作为钢结构装配式住宅建设试点市，创新组织模式、完善产业链条、推动项目建设，推动全省钢结构装配式住宅发展。

2 张家口市政策介绍

《张家口市人民政府关于推进建筑产业现代化大力发展装配式建筑的实施意见》中制定了具体目标和主要任务。

2.1 具体目标

"在着力培育一批设计、施工、部品部件规模化生产企业、具备现代装配建造技术水平的工程总承包企业以及与之相适应的专业化技能建设队伍的同时，至2022年，实现我市装配式建筑占新建建筑面积的比例达到30%和被动式低能耗绿色建筑规模化发展的目标。"

2.2 主要任务

（1）积极引导全市房地产开发项目全面采用装配式建筑，推动并有效落实棚户区改造项目中装配式建筑或被动式超低能耗建筑项目的实施。

（2）主动做好与财政局、规划局、国土资源局、行政审批局等有关部门的对接与协调工作，为装配式和被动式超低能耗项目享受优惠政策的落实提供支持与服务。

（3）推动并有效落实棚户区改造项目中装配式建筑或被动式超低能耗建筑项目的实施。

（4）在城乡建设项目中，积极推进装配式建筑建设和规模化发展工作。

11 张家口市
某项目装配式复盘

1 项目概况

　　项目用地属于二类住宅用地，用地规模约6万m²，距北京145km。作为2022年冬奥会高铁专线枢纽城市，仅27min即可到达首都北京，18min到达举办地点

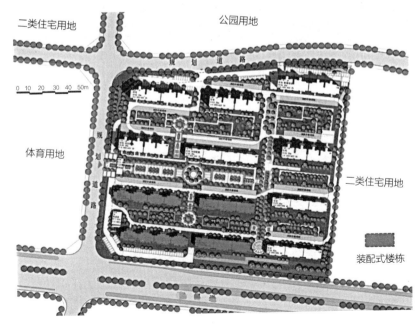

图1
项目用地规划

崇礼区，位于京津冀一体化的区域核心、环首都一小时经济圈内、2022年冬奥会度假生活圈。

项目西侧未来规划为体育设施用地，在全民健身的热潮下，势必成为又一个休闲活动的最佳场所。项目北侧为公园，可以为居民提供良好的日常游赏目的地，并且可以调节空气质量，提升居住生活品质。

本项目有4栋住宅采用装配式建造方式，装配率达到50%，根据《张家口市装配式建筑和被动式超低能耗项目建筑面积及财政奖励实施细则》文件中第二章第五条的规定：实施装配式建筑的奖励建筑面积不得超过符合装配式建筑相关技术要求且预制装配率达到50%以上（含50%）的地上总建筑面积的3%。

图2 项目鸟瞰图

图3 小区入口效果图

2 项目方案

2.1 装配率要求

装配式建筑装配率得分涉及三大系统，其中主体结构得分占比50%、围护墙和内隔墙系统得分占比20%，装修和设备管线系统得分占比30%。

实施方案应综合考虑河北省装配式市场实施情况及张家口当地预制构件厂及部品部件生产厂家综合能力。

装配率评分表　　　　　　　　　　　　　表1

评价项		评价要求	评价分值	最低分值
主体结构（50分）	柱、支撑、承重墙、延性墙板等竖向构件	35%≤比例≤80%	20～30	20
	梁、板、楼梯、阳台、空调板等构件	70%≤比例≤80%	10～20	
围护墙和内隔墙（20分）	非承重围护墙非砌筑	比例≥80%	5	10
	围护墙与保温、装饰一体化	50%≤比例≤80%	2～5	
	内隔墙非砌筑	比例≥50%	5	
	内隔墙与管线、装修一体化	50%≤比例≤80%	2～5	
装修和设备管线（30分）	全装修	—	6	6
	干式工法楼面、地面	比例≥70%	6	—
	集成厨房	70%≤比例≤90%	3～6	
	集成卫生间	70%≤比例≤90%	3～6	
	管线分离	50%≤比例≤70%	4～6	

2.2 装配式方案——主体结构

　　主体结构采用的预制构件类型有：预制钢筋混凝土叠合楼板、预制钢筋混凝土楼梯、空调板。

　　预制钢筋混凝土叠合楼板实施范围为一层顶至顶层顶（除部分出挑空调板、设备井、楼梯中间休息平台板外）。预制钢筋混凝土楼梯：主楼从五层至屋顶均为预制楼梯。

　　本项目有两栋楼为同一户型，楼板预制范围为一层顶至屋面层，楼梯预制范

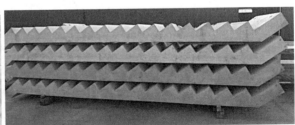

图4　预制构件

围为五层至顶层，单元平面布置方案如图5所示。

　　另外两栋楼为同一户型，楼板预制范围为一层顶至屋面层，楼梯预制范围为五层至顶层，单元平面布置方案如图6所示。

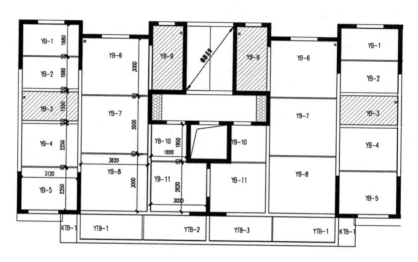

图5　水平预制构件标准层顶平面布置图1

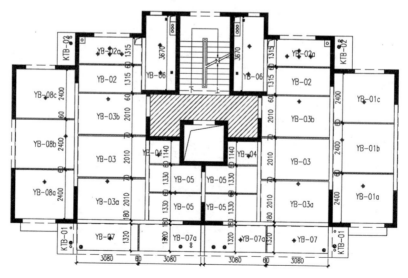

图6　水平预制构件标准层顶平面布置图2

2.3 技术方案介绍——围护墙和内隔墙

（1）非承重围护墙非砌筑墙体采用蒸压加气混凝土（ALC）板材，满足非承重围护墙非砌筑应用比例不小于80%。

（2）内隔墙非砌筑类型墙体采用蒸压加气混凝土（ALC）板材，内隔墙非砌筑应用比例不小于50%。

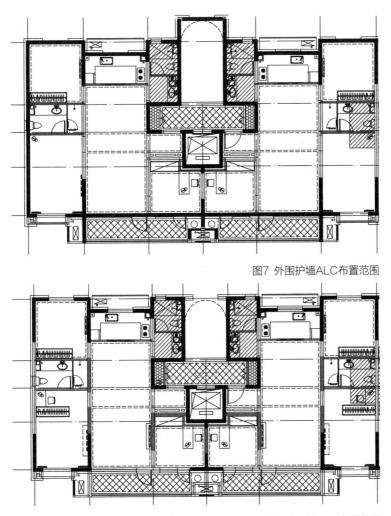

图7 外围护墙ALC布置范围

图8 内隔墙ALC布置范围

2.4 技术方案介绍装修与管线系统

（1）住宅楼（装配式）采用全装修。卧室装修效果图（概念图）如图9所示。

（2）部分区域采用干法地暖地面。楼面采用360mm×1000mm的预制沟槽板，沟槽间距为200mm，采用干式铺法。干式工法楼面、地面应用比例不小于70%。

（3）管线分离。

图9 卧室装修效果图

图10 干式工法地面

暖通专业：采暖入户管道部分为普通铺法，施工时需注意两种不同材质铺法的良好结合，如图11所示。

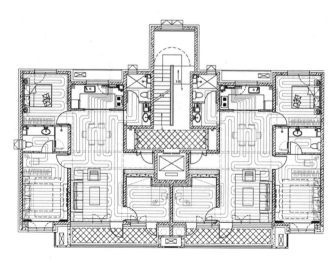

图11
单元地暖铺装平面图

电气专业：电梯前室、大厅等公共区域线缆线路穿SC（PC）管，均在吊顶或石膏线内明敷。户内的卫生间、厨房、玄关、走道等区域均精装，导线穿PC管明敷在吊顶或石膏线内。墙面、地面及顶棚现浇板内暗埋管线为非可分离管线。吊顶嵌入式灯具与板上吸顶安装的灯具之间连线为暗敷管线，由明改暗的在结构叠合板的叠合层内预留接线盒，如图12所示。

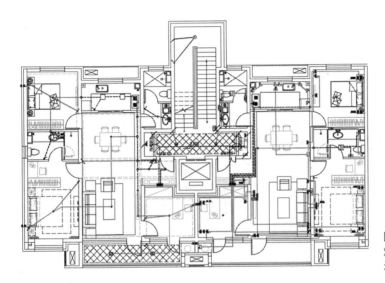

图12
灯具管线
示意图

水专业：标准层水暖井内给水支管采用PPR冷水管，户内冷热水管采用PPR热水管；标准层户内卫生间给水、热水横管敷设于垫层内；其余户内给水、热水横管敷设于吊顶或石膏线内，并采用可靠的保温、防结露措施。

山东省政策介绍

根据《山东省装配式建筑发展规划（2018—2025）》的发展目标，到2020年，济南市、青岛市装配式建筑占新建建筑比例达到30%以上，其他设区城市和县（市）分别达到25%、15%以上。到2025年，装配式建筑占新建建筑比例达到40%以上。

《山东省绿色建筑促进办法》提到：鼓励绿色建筑采用装配式方式建造，规定政府投资或者以政府投资为主的建筑工程采用装配式建筑技术与产品，在新建建筑规划条件和建设条件中明确装配式建筑要求，鼓励推广装配式建筑全装修。

山东省《装配式建筑评价标准》DB37/T 5127—2018要求，装配式建筑装配率不得低于50%。装配式建筑评分表如下。

装配式建筑评分表　　　　　　　　　　　　　　　　　　表1

	评价项	应用比例	评价要求	评价分值	最低分值	实际分值
主体结构（50分）	柱、支撑、承重墙、延性墙板等竖向构件	q_{1a}	20%≤应用比例≤80%	15~30*	—	Q_1
	梁、板、楼梯、阳台、空调板等构件	q_{1b}	70%≤应用比例≤80%	10~20*	10	
围护墙和内隔墙（20分）	非承重围护墙非砌筑	q_{2a}	应用比例≥80%	5		
	围护墙与保温、装饰一体化	q_{2b}	50%≤应用比例≤80%	2~5*	10	Q_2
	内隔墙非砌筑	q_{2c}	应用比例≥50%	5		
	内隔墙与管线、装修一体化	q_{2d}	50%≤应用比例≤80%	2~5*		

续表

评价项		应用比例	评价要求	评价分值	最低分值	实际分值
装修和设备管线（25分）	全装修	—	—	5	5	Q_3
	干式工法楼面、地面	q_{3a}	应用比例≥60%	5	—	
	集成厨房	q_{3b}	70%≤应用比例≤90%	3~5*		
	集成卫生间	q_{3c}	70%≤应用比例≤90%	3~5*		
	管线分离	q_{3d}	50%≤应用比例≤70%	3~5*		
标准化设计（3分）	平面布置标准化	—	—	1	—	Q_4
	预制构件及部品标准化			1		
	节点标准化			1		
信息化技术（2分）		—	—	2	—	Q_5

注：表中带"*"项的分值采用"内插法"计算，计算结果取小数点后一位。

案例 12 济南市某项目 1号地块项目装配式复盘

1 项目概况

本项目地块位于济南市历城区。地块总建筑面积约13.9万m²，规划用地性质为商务金融用地。

项目共有1号、2号、3号、4号四个地块，总用地面积约42.5万m²，地上建筑面积约82.3万m²，地下建筑面积约27.9万m²，另需代建约8万m²学校、幼儿园。

根据济南市2018年11月9日印发的《设计阶段落实装配式建筑实施要求的通知》（济建设字〔2018〕19号），并与济南市产业化办公室沟通，本项目产业化

图1 方案效果图1

图2 方案效果图2

面积按项目总建筑面积的30%计算。总计实施装配式的建造面积约为19万m²。

根据项目要求，1号地块需进行装配式设计约8.5万m²。1号地块中，不动产登记资料档案馆为政府代建项目，根据要求不实施装配式，通过计算，其他单体均需实施装配式。

按照济南市最新要求，施工图审查结束后，产业化图纸需送到济南市产业化办公室认定合格后，方可取得施工许可证。

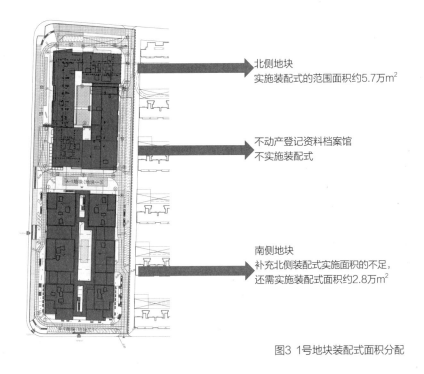

北侧地块
实施装配式的范围面积约5.7万m²

不动产登记资料档案馆
不实施装配式

南侧地块
补充北侧装配式实施面积的不足，
还需实施装配式面积约2.8万m²

图3 1号地块装配式面积分配

2 产业化方案

2.1 平面图

典型楼栋的平面图如图4~图8所示。

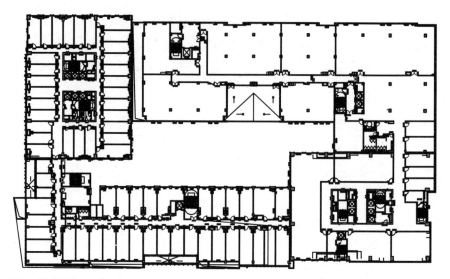

图4 北侧商业平面

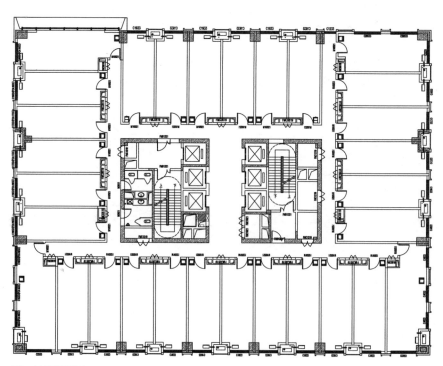

图5 某楼栋平面1

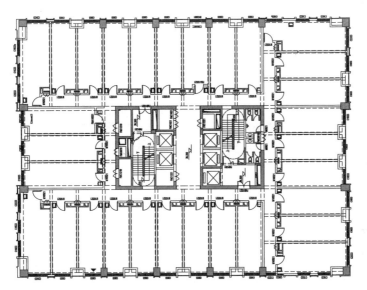

图6 某楼栋平面2

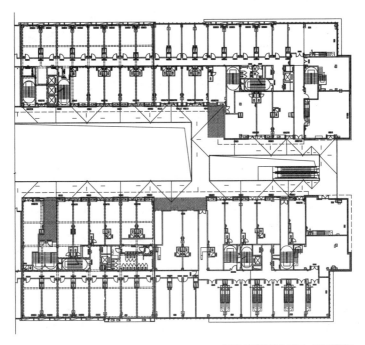

图7 南侧商业A区、B区平面

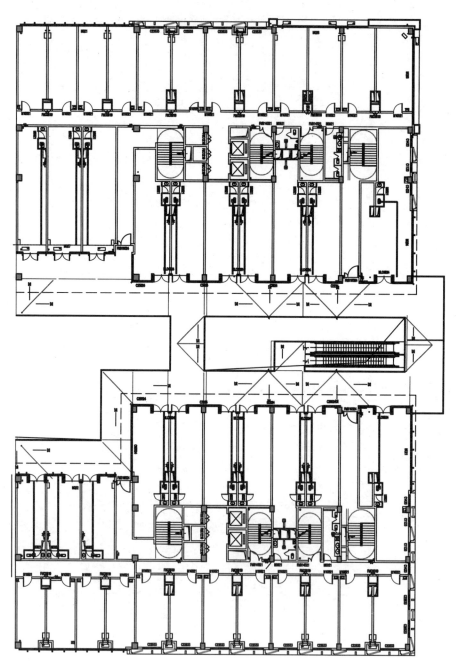

图8 南侧商业C区平面

2.2 装配率方案

根据项目特点，采用以下装配率得分方案：主体结构得分20分，水平构件80%的比例采用装配式。由于框架结构，梁柱占平面面积比重较大，故地上每层水平构件均需实施装配式。围护墙及内隔墙非砌筑得5分，应用比例分别大于80%与50%。商业采用集成卫生间得5分，应用比例需大于90%。

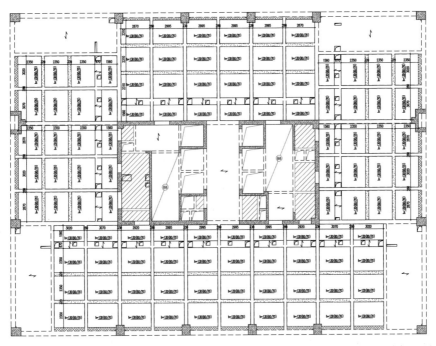

图9 典型楼栋预制构件布置图

3 设计工作要点

3.1 钢筋桁架楼承板设计

由于项目结构形式为框架及框架核心筒，从结构安全角度，在主体四角及楼板洞口周边需要加强的区域宜采用现浇，考虑到装配率要求，以上少量范围内采用了钢筋桁架楼承板的形式。其他区域仍采用预制钢筋混凝土叠合板。

钢筋桁架楼承板是指将楼板中的上下铁钢筋在工厂制作为钢筋桁架，并将钢筋桁架与镀锌板底模焊接为一体的楼承板。

与以往的楼板施工方法不同，在建设现场，可以将钢筋桁架楼承板直接铺设在钢梁上，然后进行简单的钢筋工程，便可浇筑混凝土，提高了楼板施工效率。

钢筋桁架楼承板的组成：

（1）钢筋桁架

1）提供楼板施工阶段的刚度；

2）代替楼板使用阶段的受力钢筋；

3）钢筋直径可调，桁架高度可调。

（2）压型钢板

1）作为楼板施工阶段的模板；

2）在楼板使用阶段不参与受力；

图10 钢筋桁架楼承板

3）厚度为0.5mm，板底平整。

长度尺寸：1000～14000mm。

上、下弦钢筋：采用热轧盘螺钢筋HRB400级或冷轧带肋钢筋CRB550级。

腹杆钢筋：采用冷轧光圆钢筋。

底模钢板：根据用途不同，可采用镀锌钢板或冷轧钢板，常用厚度为0.4～0.5mm，双面镀锌量120g/m²。

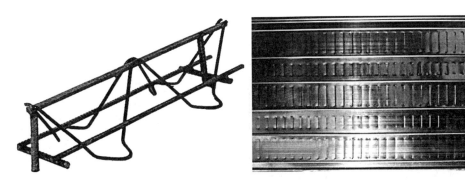

图11　钢筋桁架与压型钢板
（图片来源：多维联合集团有限公司装配式应用交流会会议材料）

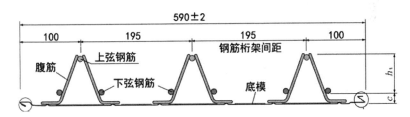

图12　不可拆卸底模钢筋桁架楼承板

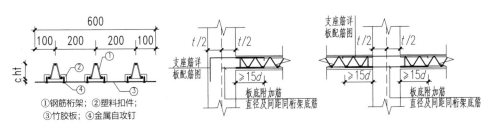

图13　可拆卸底模钢筋桁架楼承板　　图14　桁架垂直于墙梁节点一　　图15　桁架垂直于墙梁节点二

3.2 预制梁优化

　　主体结构预制水平构件的应用比例不小于80%，由于单体结构形式为框架及框架剪力墙结构，梁在平面中的占比较大。原方案中部分梁采用预制叠合梁，截面跨度配筋均相同，可批量生产。但由于其跨度较大，截面面积大，预制梁重量过大，在运输及安装上增加了很多困难。同时，由于纵筋数量较多、直径较大，在梁柱节点区也存在一定的施工难度。经方案优化，考虑在公区做预制楼板满足水平构件应用比例。

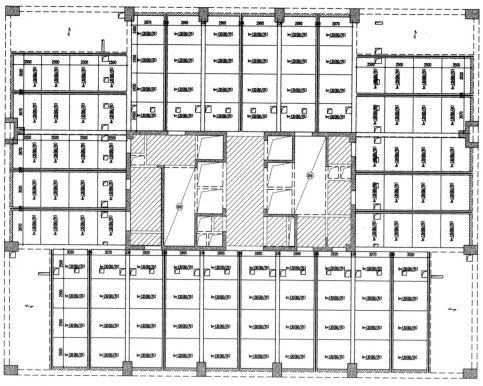

图16 原方案：采用预制梁

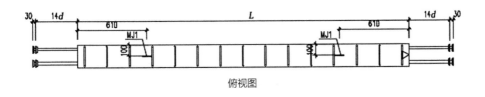

俯视图

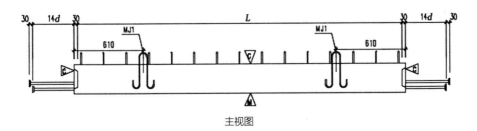

主视图

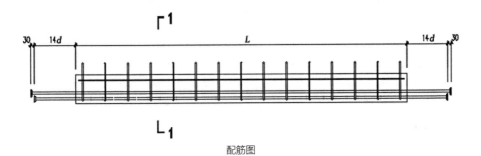

配筋图

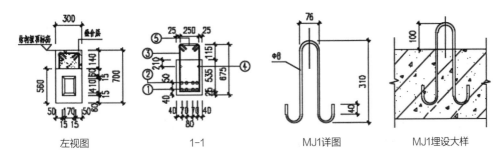

左视图　　　　1—1　　　　MJ1详图　　　　MJ1埋设大样

图17　预制梁构造示意

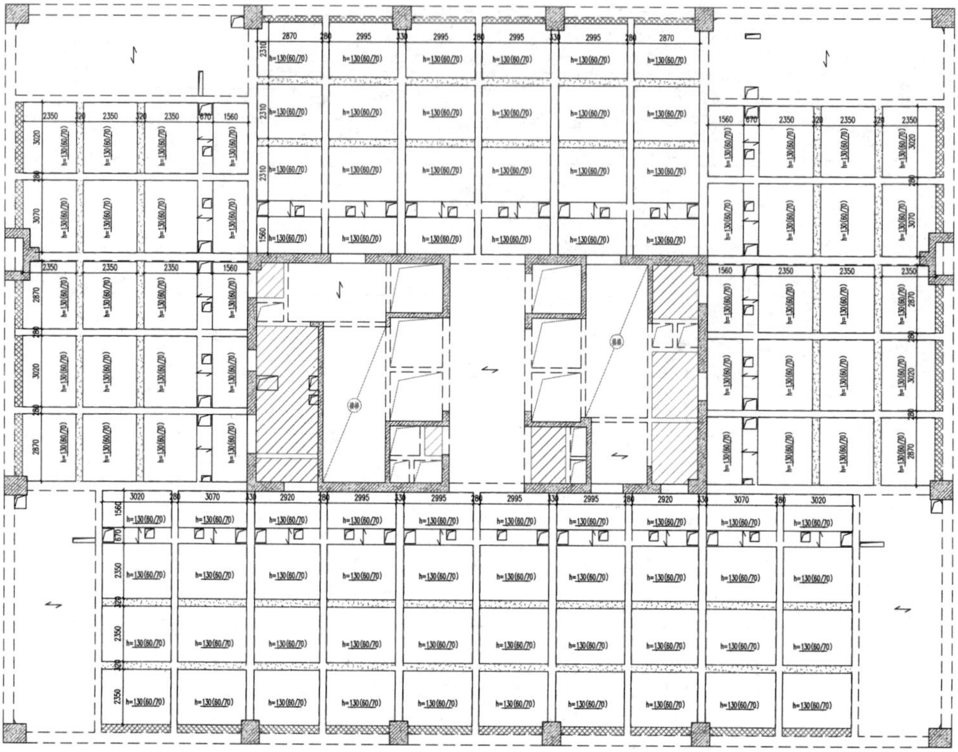

图18 优化后：取消预制梁

3.3 成果文件

公建单体叠合板种类繁多，在生产及施工安装过程中也较为复杂。主要有以下原因：

（1）本项目由于每个方向的立面造型不同，单体结构不对称。

（2）楼板跨度较大，大量楼板均为计算配筋，非构造配筋，致使标准板较少。

（3）即使个别跨范围内房间功能相同，但由于结构板两侧梁宽不同，叠合板长度伸入支座长度不同，导致楼板不对称，无法在镜像户型使用。

公建项目实施装配式时，建议可采用钢结构，或优化平面、提高平面规则性，以使装配式建筑的实施更为合理。

3.4 对接工作

本项目为我司在山东区域承接的第一个产业化设计咨询项目，为增加对山东政策的了解，以及更好地服务甲方，我司多次派人现场调研、考察、驻场，积极与当地政府以及甲方沟通交流，为顺利完成项目不断努力。

图19 积极开展沟通交流工作

湖北省武汉市政策介绍

1 政策文件

已落地的武汉市装配式建筑项目的相关政策主要依据以下三个政策文件。

（1）《武汉市人民政府关于进一步加快发展装配式建筑的通知》（武政规〔2017〕8号）

（2）《关于印发〈武汉市装配式建筑建设管理实施办法（试行）〉的通知》（武城建规〔2018〕2号）

（3）《市城建局关于印发〈武汉市装配式建筑装配率计算细则〉的通知》

2 实施范围

下列范围内的房屋建筑（建筑面积在5000m²以下的民用建筑以及建设项目的附属设施除外）在土地供应时应明确按照装配式方式进行建造：

自2017年4月1日起，武汉市二环线以内的民用建筑，二环线以外的重点功能区（含中法武汉生态示范城、武汉东湖新技术开发区花山生态新城、汉阳区四新会展商务区、青山区滨江商务区、洪山区杨春湖商务区）的民用建筑，政府投资的公益性公共建筑，独立成栋的保障性住房项目；

自2018年1月1日起，各中心城区，武汉东湖新技术开发区、武汉经济技术开发区（不含汉南区）、市东湖生态旅游风景区、武汉化工区范围内的民用建筑；

自2019年1月1日起，新城区人民政府所在地、都市发展区、武汉盘龙城经济开发区、武汉阳逻经济开发区范围内的民用建筑。

3 装配式指标要求

（1）根据《武汉市装配式建筑装配率计算细则》要求，绿色装配式建筑应同时满足：

1）主体结构部分的评价分值不低于20分；

2）围护墙和内隔墙部分的评价分值不低于10分；

3）采用全装修；

4）装配率不低于50%。

（2）下述范围内新建民用建筑对主体结构中预制部件的应用比例不作最低限要求：

1）超过装配式建筑相关技术标准规定最大适用高度的建筑工程；

2）居住建筑类项目中非居住功能的建筑，其地上建筑面积总和不超过10000m²，或不超过3000m²的售楼处、会所（活动中心）、商铺等独立配套建筑；

3）因技术条件特殊需调整装配率指标的建筑工程，依据本《计算细则》计算的单体建筑装配率应不低于30%。

（3）各得分项的认定要求：

主体结构部分，水平构件一般选择预制混凝土叠合板、预制楼梯等，竖向构件一般选择预制混凝土内、外剪力墙。

围护墙和内隔墙部分，全现浇外墙不认定为非砌筑方式，外围护非砌筑可以通过预制PC墙或轻质墙体、幕墙等工厂生产、现场安装实现；围护墙采用墙体与保温、隔热、装饰一体化强调的是"集成性"，通过集成，满足结构、保温隔热、装饰的要求，同时还强调了从设计阶段需进行一体化集成设计，实现多功能一体的"围护墙系统"；清水混凝土表面可视为一种装饰效果，例如采用清水混

装配式建筑装配率计算表　　表1

指标项		指标要求	指标分值	最低分值
主体结构 （50分）	柱、支撑、承重墙、延性墙板等竖向构件	35%≤比例≤80%	20~30*	20
	梁、板、楼梯、阳台、空调板等水平构件	60%≤比例≤80%	5~20*	
围护墙和 内隔墙 （20分）	非承重围护墙非砌筑	比例≥80%	5	10
	围护墙与保温、隔热、装饰一体化 （围护墙与保温、隔热一体化）	50%≤比例≤80% （50%≤比例≤80%）	2~5* （1.4~3.5*）	
	内隔墙非砌筑	比例≥50%	5	
	内隔墙与管线、装修一体化 （内隔墙与管线一体化）	50%≤比例≤80% （50%≤比例≤80%）	2~5* （1.4~3.5*）	
装修和设 备管线 （30分）	全装修	—	6	6
	干式工法楼面、地面	比例≥70%	6	—
	集成厨房	70%≤比例≤90%	3~6*	
	集成卫生间	70%≤比例≤90%	3~6*	
	管线分离	50%≤比例≤70%	4~6*	
创新项 （8分）	工程承包方式	工程总承包	—	2	—
	信息化管理 （含BIM技术）	设计阶段	—	2	
		施工阶段	—	1	
		运营阶段	—	1	
	应用新型模板系统	比例≥50%	2	—

注：表中带"*"项的分值采用"内插法"计算，计算结果取小数点后一位。

凝土外立面效果的预制混凝土夹芯保温墙板可视为满足墙体与保温隔热、装饰一体化要求。

内隔墙非砌筑通常采用各种中大型板材、木骨架或轻钢骨架复合墙体等，应满足工厂生产、现场安装、以"干法"施工为主的要求；内隔墙管线、装修一体化强调的也是"集成性"，设计阶段需进行一体化设计，在管线综合设计的基础上，实现墙体与管线的集成以及土建与装修的一体化，从而形成"内隔墙系统"。

全装修需满足住宅建筑内部墙面、顶面、地面全部铺贴、粉刷完成，门窗、固定家具、设备管线、开关插座及厨房、卫生间固定设施安装到位；住宅公共区域的固定面全部铺贴、粉刷完成，基本设备安装到位，需满足建筑基本使用功能；需要特别注意的是，对建造合同规定毛坯交付的还建房和毛坯交付进行销售备案的商业住房，应实施"菜单式"全装修。

干式工法地面是指取消普通砂浆等湿作业的施工方式。干式工法楼面为结构楼面混凝土一次成型，施工精度达到免砂浆找平要求；干式工法地面为建筑地面采用架铺、干铺或薄贴工艺，例如架空地板、木地板或薄贴地砖。设置在楼地面保温层下部的现浇找平、结合层可计为干式工法。

管线分离是将设备与管线设置在结构系统之外的方式。考虑到工程实际需要，纳入管线分离比例计算的管线专业包括电气（强电、弱电、通信）、给水排水和采暖等。对于裸露于室内空间以及敷设在地面架空层、非承重墙体空腔和吊顶内的管线应认定为管线分离；而对于埋置在结构构件内部（不含横穿）或敷设在湿作业地面垫层内的管线应认定为管线未分离。

4 政策扶持

（1）按照装配式建造方式开发建设的项目，在符合国家政策规定的前提下，可分期缴纳土地出让金；在办理规划审批时，其外墙装配式部分建筑面积（不超过规划总建筑面积的3%）不计入成交地块的容积率核算。

（2）按照装配式建造方式开发建造的商品房项目，其预售资金监管比例按照15%执行；小高层及以上建筑结构主体施工达总层数三分之一以上，且已确定施工进度和竣工交付日期的，即可办理预售许可证。

案例

13 武汉市汉阳区 某项目装配式复盘

1 项目概况

　　项目位于武汉市汉阳区；A地块总建筑面积达20万m²，B地块总建筑面积近8万m²；A、B地块共8栋住宅实施装配式，应用面积达12万m²，结构为装配整体式剪力墙体系，实施装配式的楼栋装配率均达50%。

图1
项目鸟瞰图

2 项目方案

2.1 技术方案对比

影响本项目装配式方案选取的主要因素包括：施工难易程度、施工进度、外墙防渗漏风险、成本。综合考虑以上因素，制定了如下三个方案。

2.1.1 方案一

方案一

表1

编号	类别	技术内容
1	主体结构	柱、支撑、承重墙板等竖向构件
2	围护墙和内隔墙	非承重围护墙非砌筑
3		内隔墙非砌筑
4	装修与设备管线	全装修
5		干法楼、地面
6		管线分离
7	创新项	信息化管理（含BIM技术）
8		
9		
10		应用新型模板系统

（1）主体结构部分：采用预制混凝土剪力墙板，应用比例不低于35%。

（2）围护墙和内隔墙部分：围护墙采用非砌筑方式，应用比例不低于80%；内隔墙采用非砌筑方式，应用比例不低于50%。

（3）装修与设备管线部分：采用全装修；采用干法楼面、地面，应用比例不低于70%；采用管线分离，分离比例不低于50%。

（4）创新项部分：采用信息化管理；采用铝模。

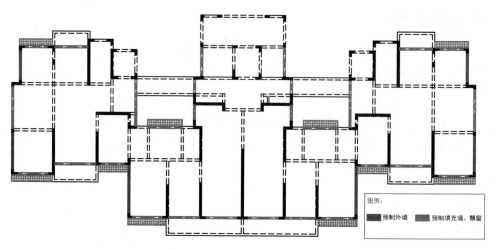

图2 方案一: PC竖向构件布置方案

2.1.2 方案二

方案二   表2

编号	类别	技术内容
1	主体结构	梁、板、楼梯、阳台、空调板等水平构件
2	围护墙和内隔墙	内隔墙非砌筑
3		内隔墙与管线、装修一体化
4	装修与设备管线	全装修
5		干法楼、地面
6		管线分离
7	创新项	信息化管理
8		（含BIM技术）
9		
10		应用新型模板系统

（1）主体结构部分：采用预制混凝土叠合楼板、预制楼梯，应用比例不低于80%。

（2）围护墙和内隔墙部分：围护墙采用现浇，内隔墙与管线、装修一体化，应用比例不低于80%。

（3）装修与设备管线、创新项取分同方案一。

2.1.3 方案三

方案三

表3

编号	类别	技术内容
1	主体结构	梁、板、楼梯、阳台、空调板等水平构件
2	围护墙和内隔墙	非承重围护墙非砌筑
3		内隔墙非砌筑
4	装修与设备管线	全装修
5		干法楼、地面
6		管线分离
7	创新项	信息化管理（含BIM技术）
8		
9		
10		应用新型模板系统

（1）主体结构部分：采用预制混凝土叠合楼板、预制楼梯，应用比例不低于80%。

（2）围护墙和内隔墙部分：围护墙采用非砌筑，应用比例不低于80%，内隔墙非砌筑应用比例不低于50%。

（3）装修与设备管线、创新项取分同方案一。

2.1.4 综合分析

方案一：选用预制剪力墙和PC填充墙，开始实施预制构件的楼层相对方案二、三较高，同时可获得面积奖励，但是施工难度较大，综合成本较高，且预制外墙在防水防渗方面有一定的风险。

方案二：选用水平构件，从首层顶开始预制，整体施工难度较小，外墙采用全混凝土现浇，防水效果较好；内墙采用管线装修一体化，在住宅项目中的实施案例较少。

方案三：选用水平构件，整体施工难度较小，成本较低，实施方案较成熟。

综上分析，本项目选用方案三。

2.2 典型楼栋的拆分方案

本项目某楼栋水平构件中，梁和楼梯采用现浇，楼板除卫生间外均采用预制，大部分楼板采用双向板。预制构件布置图如图3所示。

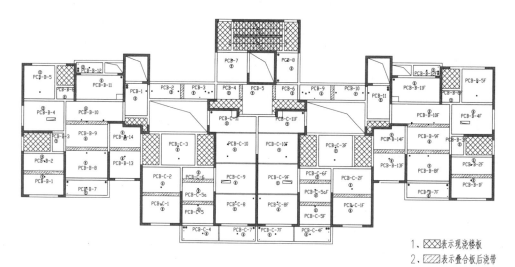

1、▨表示现浇楼板
2、▨表示叠合板后浇带

图3 预制构件布置图

3 典型节点做法

（1）本项目采用单向板和双向板两种形式，单向板采用窄拼缝。

（2）叠合板边采用了特殊的斜角，用来减小混凝土浇筑振捣时对模板的压力，从而避免施工过程中漏浆，保证混凝土的平整度。

（3）现浇楼板和叠合楼板的交接区域，钢筋采用两种不同的搭接形式，构造一钢筋出弯钩进行搭接，一方面考虑减少构件的种类，钢筋的伸出长度相对较短，对运输也比较有利，但是现场搭接钢筋需采用弯钩；构造二钢筋出直筋进行搭接，出筋较长，对于尺寸不太大的板可以考虑用此节点，现场施工搭接更便利快捷。

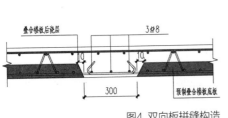

图4 双向板拼缝构造

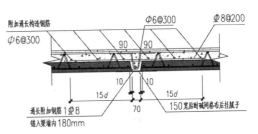

图5 单向板拼缝构造

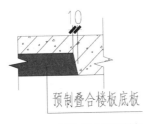

图6 叠合板边斜角

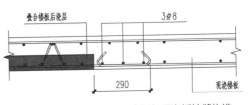

图7 叠合板与现浇板接缝构造一

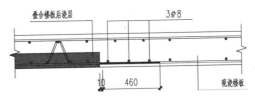

图8 叠合板与现浇板接缝构造二

1 政策文件

长沙市装配式建筑相关政策主要依据以下六个政策文件：

（1）《湖南省人民政府办公厅关于加快推进装配式建筑发展的实施意见》（湘政办发〔2017〕28号）

（2）《长沙市装配式房屋建筑项目建设管理细则》

（3）《长沙市人民政府办公厅关于进一步推进装配式建筑发展的通知》（长政办函〔2017〕177号）

（4）《长沙市装配式建筑财政补贴工作实施细则》（长住建发〔2019〕29号）

（5）《湖南省绿色装配式建筑评价标准》DBJ 43/T332—2018

（6）《〈湖南省绿色装配式建筑评价标准〉补充规定》

2 实施范围

（1）全市政府投资类房建项目采用装配式技术建造，单体建筑预制装配率原则上不低于50%；市政基础设施项目（地铁管片、综合管廊、城市桥梁等）原则上采用装配式技术建造。

（2）全市新供地商品房项目分区域、阶段推进。

1）重点推进区域：湖南湘江新区、长沙高新区、长沙经开区、芙蓉区、天心区、岳麓区、开福区、雨花区三环线以内区域。

新供地的商品房项目全部采用装配式技术进行建造，单体建筑预制装配率原则上不低于50%。

2）积极推进区域：湖南湘江新区、长沙高新区、长沙经开区、天心区、岳麓区、开福区、雨花区三环线以外区域。

2018～2020年，每年新供地的商品房项目采用装配式技术建造的建筑面积比例不低于40%，单体建筑预制装配率原则上不低于50%。

2021～2025年，每年新供地的商品房项目采用装配式技术建造的建筑面积比例不低于60%，单体建筑预制装配率原则上不低于50%。

3）鼓励推进区域：望城区、长沙县（长沙经开区除外）、浏阳市、宁乡市。

2018～2020年，每年新供地的商品房项目采用装配式技术建造的建筑面积比例不低于30%，单体建筑预制装配率原则上不低于40%。

2021～2025年，每年新供地的商品房项目采用装配式技术建造的建筑面积比例不低于40%，单体建筑预制装配率原则上不低于50%。

3 装配式指标要求

（1）根据《湖南省绿色装配式建筑评价标准》要求，绿色装配式建筑应同时满足：

1）主体结构部分的评价分值不低于20分；

2）围护墙和内隔墙部分的评价分值不低于10分；

3）采用全装修；

4）装配率不低于50%；

5）绿色建筑的评价分值不低于4分。

（2）各得分项的认定要求：

1）主体结构部分，水平构件一般选择预制混凝土叠合板、预制楼梯等，竖向一般选择预制混凝土内、外剪力墙。

绿色装配式建筑评分表   表1

评价项			评价要求	评价分值	最低分值
主体结构Q_1（45分）	柱、支撑、承重墙、延性墙板等竖向构件	A、采用预制构件	35%≤比例≤80%	15～25*	20
		B、采用高精度模板或免拆模板施工工艺	比例≥85%	5	
	架、板、楼梯、阳台、空调板等构件	采用预制构件	70%≤比例≤80%	10～20*	
围护墙和内隔墙Q_2（20分）	外围护墙体集成化	非承重围护墙非砌筑	比例≥80%	5	10
		A、围护墙与保温、隔热、装饰一体化	50%≤比例≤80%	2～5*	
		B、围护墙与保温、隔热、窗框一体化	50%≤比例≤80%	1.4～3.5*	
	内隔墙体集成化	内隔墙非砌筑	比例≥50%	5	
		A、内隔墙与管线、装修一体化	50%≤比例≤80%	2～5*	
		B、内隔墙与管线一体化	50%≤比例≤80%	1.4～3.5*	
装修和设备管线Q_3（25分）	全装修		—	6	6
	干式工法的楼面、地面		比例≥70%	4	
	集成厨房		70%≤比例≤90%	3～5*	
	集成卫生间		70%≤比例≤90%	3～5*	
	管线分离		50%≤比例≤70%	3～5*	
绿色建筑Q_4（10分）	绿色建筑基本要求		满足绿色建筑审查基本要求	4	4
	绿色建筑评价标识		一星≤星级≤三星	2～6	
加分项Q_5	BIM技术应用		设计	1	
			生产	1	
			施工	1	
	采用EPC模式		—	2	

注：表中带"*"项的分值采用"内插法"计算，计算结果取小数点后一位。

2）围护墙和内隔墙部分，全现浇外墙不认定为非砌筑，围护墙采用墙体、保温、隔热、装饰一体化强调的是"集成性"，通过集成，满足结构、保温、隔热、装饰要求。同时，还强调了设计阶段需进行一体化集成设计，实现多功能一体的"围护墙系统"。内隔墙采用墙体、管线、装修一体化强调的是"集成性"。

内隔墙从设计阶段就需进行一体化集成设计，在管线综合设计的基础上，实现墙体与管线的集成以及土建与装修的一体化，从而形成"内隔墙系统"。在现场进行开槽敷设管线的内隔墙不认定为墙体、管线一体化。

3）根据《〈湖南省绿色装配式建筑评价标准〉补充规定》，各市州应积极推进装配式建筑项目全装修，并分阶段逐步推广实施。经项目所在地主管部门审批同意后可以不采用全装修的装配式项目，在装配率计算时可认为装修和设备管线计分项为项目中缺少的评分项；对于采用全装修的项目建筑功能空间的固定面装修和设备设施安装全部完成，达到建筑使用功能和性能的基本要求。

4）干式工法的认定中，当楼地面采用高性能自流平找平砂浆（厚度不超过10mm），上部铺设木地板的方式时，可按干式工法计分；在室内装修中对结构楼面地面采用水泥砂浆湿法找平操作的不应计入干法施工楼地面；根据建筑功能及装修要求无需装修的楼面、地面可不计入（如空调板、不进行二次装修的楼梯板等）。

5）纳入管线分离比例计算的管线专业包括电气、给水排水和采暖等专业；对于裸露于室内空间以及敷设在地面架空层、非承重墙体空腔和吊顶内的管线应认定为管线分离；而对于埋置在结构内部（不含横穿）或敷设在湿作业地面垫层内的管线应认定为管线未分离。

4 政策扶持

（1）推广使用新型墙体材料、高强钢筋、高性能节能门窗、住宅产业化成套部品部件及技术、高性能混凝土、外墙外保温及自保温产品（体系）、保温装饰一体化产品（体系）等，建筑外墙外保温材料水平截面积不计入容积率。

（2）对满足装配式建筑要求并以出让方式取得土地使用权，领取土地使用证和建设工程规划许可证的商品房项目，投入开发建设的资金达到工程建设总投资的25%以上，或完成基础工程达到正负零的标准，在已确定施工进度和竣工交付日期的前提下，可核发预售许可，法律法规另有规定的除外。在办理《商品房预售许可证》时，允许将装配式预制构件投资计入工程建设总投资额，纳入进度衡量。

（3）在土地挂牌条件中已明确装配式建筑要求，建设单位主动提高装配标准实施的，工程竣工验收后经长沙市住房和城乡建设局认定，单体建筑装配率达到60%（含）以上的新建商品房项目，补贴100元/m²。

案例
14 长沙市岳麓区
某项目装配式复盘

1 项目概况

项目位于长沙市岳麓区，总建筑面积达16万m^2，其中装配式住宅建筑面积达12万m^2，结构体系为装配整体式剪力墙结构，实施装配式的楼栋装配率均达50%。

图1 项目鸟瞰图

2 项目方案

2.1 典型楼栋的拆分方案

本项目住宅单体主体结构中采用预制混凝土叠合楼板、预制楼梯，从一层顶开始预制；采用铝模模板。

水平构件除连廊和卫生间外，全部采用叠合板，除个别跨度较大的位置采用双向板外，其余均采用单向板；公区和户内楼板内暗敷管线较多的位置现浇层板厚相应增加，跨度较大的楼板预制层厚度相应增加。典型布置图如图2所示。

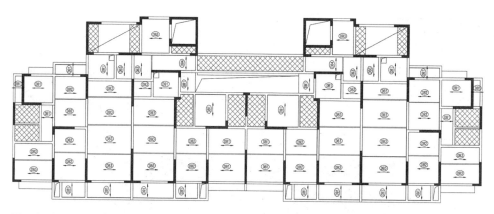

图2 水平构件典型布置图

2.2 典型节点做法

项目施工过程中，结合构件厂的工艺和模具要求，所有板块都设置上倒角，一方面便于接缝处后浇混凝土浇注，另一方面为满足构件厂叠合板板边拉毛的工艺要求。

预制楼梯上端采用固定铰，下端采用滑动铰，预制楼梯与现浇梯梁位置的连接螺栓应严格按照图纸预留。

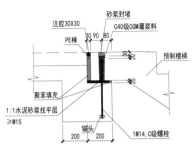

图3 叠合板节
点示意图

图4 双跑梯固定铰端安装节点大样

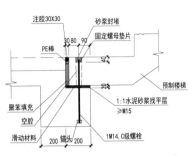

图5 双跑梯滑动铰端安装节点大样

2.3 机电、设备预留

本项目预制构件主要采用叠合板，整体来说工艺等方面都相对比较成熟，机电的预留预埋是深化中重点关注的事项。

针对目前装配式建筑的应用情况，提高构件标准化程度和减少预留预埋的错误，结合装配式建筑的设计思路，对叠合板上的预留预埋还应将专业配合前置，即在机电施工图设计中考虑叠合板布置的影响，在有吊顶的位置尽量采用明敷的方式进行排布，减少不合理、不必要的预留预埋，需要注意以下问题：

（1）在构件深化阶段，公区的精装图纸往往比较滞后，点位预留应与精装和电气专业共同确认，减少后期点位的调整。

（2）在叠合板布置过程中，线盒应与板边保持适当距离，如果点位处于叠合板边，应协调相关专业对点位进行调整，或者调整布置方案；对于处于单向板拼缝位置或靠近板边轮廓处的机电预留，应提前与总包沟通施工方案，以确保可行性。

（3）为了保证防水防渗效果，将套管或止水钢套管一次成型埋设在叠合板中，但这对套管的定位、运输和成品保护提出了更高的要求。在预留套管的过程中需要综合考虑铝模拆装对套管位置的影响，需要给铝模施工留出足够的作业空间。

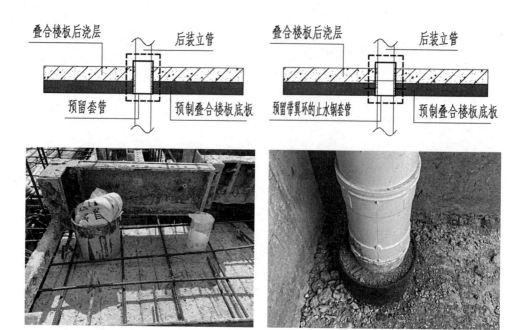

图6 预埋套管与预埋止水钢套管

江苏省相关政策与标准介绍

1 江苏省政策对三板率的要求

江苏省装配式建筑的设计依据包括：

江苏省《省住房城乡建设厅 省发展改革委 省经信委 省环保厅 省质监局关于在新建建筑中加快推广应用预制内外墙板预制楼梯板预制楼板的通知》（苏建科〔2017〕43号）

江苏省《省住房和城乡建设厅关于进一步明确新建建筑应用预制内外墙板预制楼梯板预制楼板相关要求的通知》（苏建函科〔2017〕1198号）

根据苏建科〔2017〕43号文要求，新建商品住宅、公寓、保障性住房单体建筑中强制应用的"三板"总比例不得低于60%。

苏建函科〔2017〕1198号文中明确，单体建筑面积是指单体建筑地上部分总建筑面积；单体建筑应用"三板"的计算范围是指单体建筑室外地坪以上范围，出屋面的电梯机房、楼梯间、设备用房及高层建筑裙房不列入计算范围，楼板不包含一层楼地面和建筑屋面。"三板"应用比例是指，预制内外墙板、预制楼梯板、预制楼板应用面积之和与对应项总面积之比。

单体建筑中"三板"应用总比例计算方法：

对于混凝土结构　　$\dfrac{a+b+c}{A+B+C}+\gamma\times\dfrac{e}{E}\geqslant 60\%$

对于钢结构　　　　$\dfrac{c+d}{C+D}\geqslant 60\%$

式中　A —— 楼板总面积；

　　　B —— 楼梯总面积；

　　　C —— 内隔墙总面积；

　　　D —— 外墙板总面积；

　　　E —— 鼓励应用部分总面积，包括外墙板、阳台板、遮阳板、空调板；

　　　a —— 预制楼板总面积；

　　　b —— 预制楼梯总面积；

　　　c —— 预制内隔墙总面积；

　　　d —— 预制外墙板总面积；

　　　e —— 鼓励应用部分预制总面积，包括预制外墙板、预制阳台板、预制遮阳板、预制空调板；

　　　γ —— 鼓励应用部分折减系数，取0.25。

水平构件按投影面积计算，竖向构件按长度方向一侧表面积计算，计算时可不扣除门、窗等洞口面积。

2　江苏省相关政策对预制装配率的要求

《江苏省装配式建筑预制装配率计算细则（试行）》（苏建科〔2017〕39号）对预制装配率的计算进行了规定。

装配整体式剪力墙结构预制装配率计算统计表　　　　　　　表1

技术配置选项		项目实施情况	体积或面积	对应部分总体积或面积	权重	比值
主体结构和外围护结构预制构件Z1	预制外剪力墙板				0.55	Z1=X1/Y1 X0.55
	预制夹芯保温外墙板					
	预制双层叠合剪力墙板					

装配整体式剪力墙结构预制装配率计算统计表（住宅）

续表

装配整体式剪力墙结构预制装配率计算统计表（住宅）					
技术配置选项	项目实施情况	体积或面积	对应部分总体积或面积	权重	比值
主体结构和外围护结构预制构件Z1 — 预制内剪力墙板				0.55	Z1=X1/Y1 X0.55
预制梁					
预制叠合板					
预制楼梯板					
预制阳台板					
预制空调板					
PCF混凝土外墙模板					
混凝外墙（填充墙）					
预制混凝土飘窗墙板					
预制女儿墙					
		合计X1	合计 Y1		
装配式内外围护构件Z2 — 蒸压轻质加气混凝土外墙系统				0.15	Z2=X2/Y2 X0.15
轻钢龙骨石膏板隔墙					
蒸压轻质加气混凝土墙板					
钢筋陶粒混凝土轻质墙板					
		合计X2	合计 Y2		
内装建筑部品Z3 — 集成式厨房				0.3	Z3=X3/Y3 X0.3
集成式卫生间					
装配式吊顶					
楼地面干式铺装					
装配式墙板（带饰面）					
装配式栏杆					
		合计X3	合计Y3		

续表

装配整体式剪力墙结构预制装配率计算统计表（住宅）						
技术配置选项		项目实施情况	体积或面积	对应部分总体积或面积	权重	比值
创新加分项S	标准化、模块化、集约化设计	标准化的居住户型单元和公共建筑基本功能单元	1.0%			
		标准化门窗	0.5%			
		设备管线与结构相分离	0.5%			
	绿色建筑技术集成应用	绿色建筑二星	0.5%			总计不超过5%
		绿色建筑三星	1.0%			
		被动式超低能耗技术集成应用	0.5%			
		隔震减震技术集成应用	0.5%			
		以BIM为核心的信息化技术集成	1.0%			
	工业化施工技术集成应用	装配式铝合金组合模板	0.5%			
		组合成型钢筋制品	0.5%			
		工地预制围墙（道路板）	0.5%			
					预制装配率=Z1+Z2+Z3+S	

3 新省标《江苏省装配式建筑综合评定标准》DB32/T 3753—2020节选

新省标第3.0.3条规定，装配式建筑应同时满足下列要求：

（1）居住建筑预制装配率不应低于50%，公共建筑预制装配率不应低于45%。

（2）装配式钢结构建筑、装配式木结构建筑中装配式外围护和内隔墙构件的应用比例不应低于60%。

（3）居住建筑应采用全装修，公共建筑公共部位应采用全装修。

第3.0.4条规定：装配式建筑宜采用装配化装修。

第4.0.1条规定：装配式建筑综合评定项目应满足本标准第3.0.3条的要求，

且主体结构预制构件的应用占比Z_1不应低于35%。

第4.0.2条规定：装配式建筑综合评定分值应根据表2中评定项及评定分值按下式计算，各评定项应满足最低分值的要求。

$$S=S_1+S_2+S_3+S_4+S_5$$

式中　S——装配式建筑综合评定得分；

　　　S_1——标准化与一体化设计评定得分；

　　　S_2——预制装配率评定得分；

　　　S_3——绿色建筑评价等级得分；

　　　S_4——集成技术应用评定得分；

　　　S_5——项目组织与施工技术应用评定得分。

装配式建筑综合评定　表2

评定项		评定要求	评定分值	最低分值
标准化与一体化设计评定得分S_1		按计分要求评分	5~10	5
预制装配率评定得分S_2	居住建筑	$S_2=Z$	50~100	50
	公共建筑		45~100	45
绿色建筑评价等级得分S_3		按计分要求评分	0~2	—
集成技术应用评定得分S_4		按计分要求评分	2~8	2
项目组织与施工技术应用评定得分S_5		按计分要求评分	4~10	4

第4.0.3条规定：装配式建筑综合评定等级分为一星级、二星级、三星级，并应符合表3的规定。

装配式建筑综合评定等级　表3

综合评定等级	综合评定得分
一星级	$60 \leqslant S < 75$
二星级	$75 \leqslant S < 90$
三星级	$S \geqslant 90$

案例

15 江阴市霞客镇 某项目装配式复盘

1 项目概况

本工程为住宅项目,建设地点位于无锡市江阴市霞客镇。地上总建筑面积约
26.6万m²。本项目20栋住宅楼均按"三板"要求设计。各单体建筑应用"三板"
比例均不小于60%。预制构件类型为预制叠合楼板、预制轻质墙体。

2 装配式技术方案

本项目总共20栋单体采用装配式建造方式。18层的住宅单体楼8～18层采用
预制叠合板,1～18层采用预制内填充墙。15层的住宅单体楼5～15层采用预制
叠合板,1～15层采用预制内填充墙。17层的住宅单体楼8～17层采用预制叠合
板,1～17层采用预制内填充墙。16层的住宅单体楼8～16层采用预制叠合板,
1～16层采用预制内填充墙。

2.1 叠合板布置范围

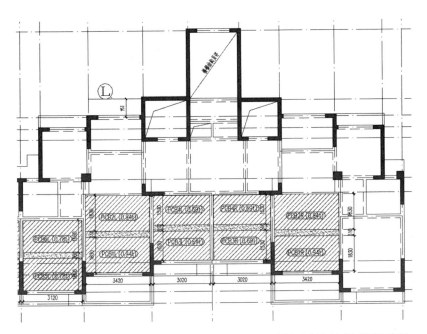

图1 A户型水平构件平面布置

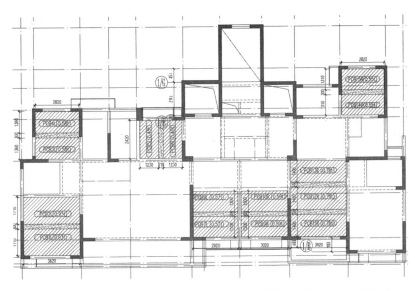

图2 B、C户型水平构件平面布置

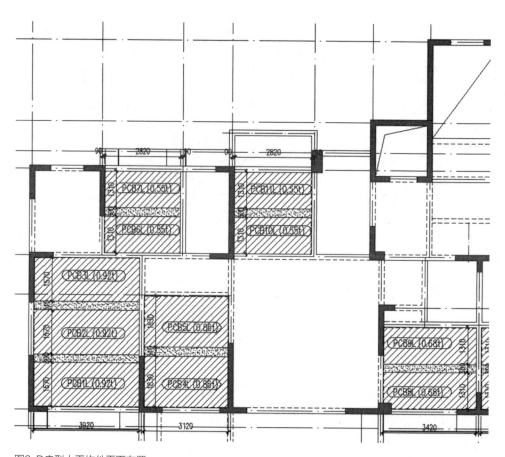

图3　D户型水平构件平面布置

2.2 内隔墙板布置范围

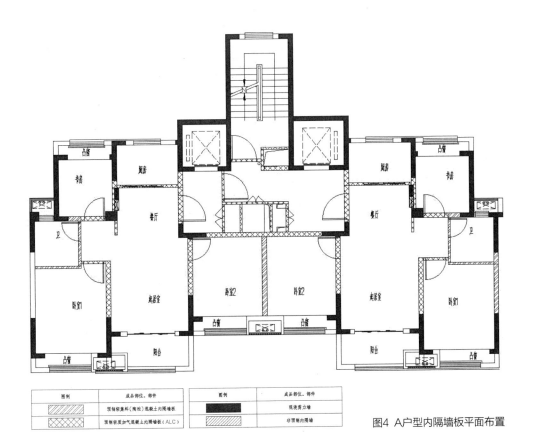

图例	成品部位、部件
	预制轻集料（陶粒）混凝土内隔墙板
	预制轻质加气混凝土内隔墙板（ALC）

图例	成品部位、部件
	现浇剪力墙
	非预制内隔墙

图4　A户型内隔墙板平面布置

图5 B、C户型内隔墙板平面布置

图6 D户型内隔墙板平面布置

3 详图深化关键点

3.1 深化设计脱模起吊等荷载取值

（1）脱模吸附力不宜小于1.5kN/m²。

（2）构件吊运时，动力系数取1.5。

（3）构件翻转及安装过程中就位、临时固定时，动力系数取1.2。

（4）施工活荷载为1.5kN/m²。

3.2 叠合板脱模验算及吊点设计

由《装配式混凝土结构技术规程》JGJ 1—2014中6.2.3条：

预制构件进行脱模验算时，等效静力荷载标准值应取构件自重标准值乘以动力系数与脱模吸附力之和，且不宜小于构件自重标准值的1.5倍，动力系数不宜小于1.2，脱模吸附力不宜小于1.5kN/m²。即按两种组合的大值验算：1.5×自重；1.2×自重+1.5。

一般采用四点起吊，为使吊点处板面的负弯矩与吊点之间的正弯矩大致相等，确定吊点位置一般为0.207a（a为板长）或0.207b（b为板宽），如图7所示。

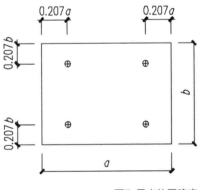

图7 吊点位置确定

六点起吊也是以使吊点处板面的负弯矩与吊点之间的正弯矩大致相等为原则布置吊点。

3.3 PC深化设计对吊装的要求

（1）本项目采用桁架钢筋起吊，吊点位置设计2φ10附加钢筋。可以节约吊环的采购、安装成本，节省施工工序，加快生产速度，提高效率。采用桁架钢筋起吊时，需要在深化设计阶段提前考虑桁架钢筋与楼板钢筋的排布、吊点位置、附加钢筋位置等细节问题。

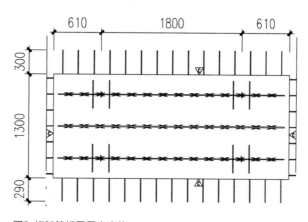

图8 桁架筋起吊吊点定位

（2）对于跨度较大或有特殊要求的叠合板采用六点起吊，吊点均匀布置在多个桁架钢筋上，确保吊装安全以及构件的完整度。

（3）后浇带处的外伸钢筋需要设计前作排布策划，避免施工安装过程中钢筋碰撞，降低工程质量和发生漏筋情况。

3.4 PC叠合板深化设计对生产环节标准化、成本控制要求

（1）本项目通过叠合楼板钢筋排布优化，各板出筋设计相对统一，通过旋转排筋，实现高共模率，增加各块板边模的通用性，在生产效率允许的情况下减少模具采购量，降低预制构件生产成本。

（2）本项目楼板镜像构件较多，深化设计过程中首先考虑镜像的构件统一设计，并与构件厂沟通协调，最终实现最优钢筋排布方案，节约成本，提高效率。

（3）将叠合板桁架钢筋平面内排布进行优化，在满足生产和吊装工况受力需求的前提下，控制桁架钢筋用量最少。

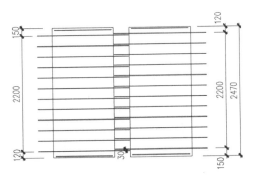

图9 旋转排筋示意

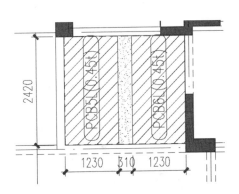

图10 等宽度拆分示意

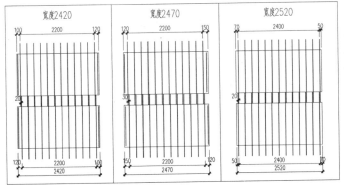

图11 相似板跨排筋对比

图12 叠合板安装

4 施工配合注意事项

（1）项目按标段对接不同的总包及构件厂，根据不同总包单位的施工条件和技术特点，以及相同户型不同楼栋的条件限制，在尺寸及编号相同的叠合楼板上分别预留预埋施工条件，从而满足施工的条件限制和技术要求。在深化、生产、安装过程中，梳理相关叠合板的异同点，并以针对性的编号进行区别。

（2）楼板现浇段避免出现漏浆情况，否则将导致板底不平整，需要后期磨平，降低效率。

（3）对于预制叠合板与现浇楼板交接处的底筋搭接做法应严格参照设计节点，现浇区楼板下铁钢筋应做135°弯钩，与叠合楼板伸出钢筋搭接。

（4）叠合板伸出钢筋若发生弯折，应调直后浇筑，满足钢筋搭接传力要求。

（5）叠合板起吊时板上不可放置杂物。

图13 楼板现浇段板底漏浆　　　　　　图14 现浇区楼板搭接钢筋未弯钩

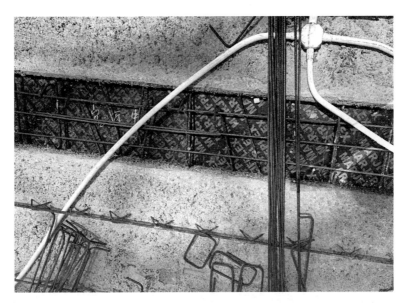

图15 叠合板伸出钢筋弯折

图16 叠合板起吊时板上不可放置杂物

16 江阴市城区 某项目装配式复盘

1 项目概况

本项目位于江阴市城区，地块占地4.7万m²，容积率2.3，计容建筑面积约10.5万m²。

根据项目建设条件意见书，本项目新建单体居住建筑应用的"三板"总比例不得低于60%。新建建筑中采用装配式建筑面积比例不低于25%，单体建筑预制率不低于20%、预制装配率不低于50%，预制率、装配率计算须符合国家、省和市有关规定要求。新建居住建筑成品住房交付比例不低于100%。

本项目商品房住宅为10栋单体，均满足"三板"比例不小于60%的要求，其中2栋楼满足单体建筑预制率不低于20%、预制装配率不低于50%的要求。

2 装配式技术方案

本项目总共10栋单体，结构体系采用装配整体式剪力墙结构。23层的2栋单体5～23层采用竖向预制构件，2～23层采用水平预制构件，单体预制率不低于20%，单体预制装配率不低于50%。

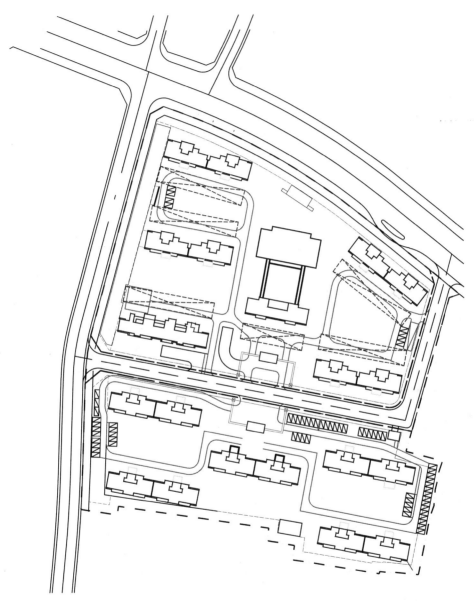

图1 项目平面图

　　其余8栋住宅楼，层数6层到25层不等。其中，地上8层的住宅单体，4~8层采用水平预制构件；地上10层的住宅单体5~10层采用水平预制构件；地上6层的住宅单体，3~6层采用水平预制构件；地上23层的住宅单体，12~23层采用水平预制构件；地上21层的住宅单体，12~21层采用水平预制构件；地上25层的住宅单体，8~25层采用水平预制构件。所有单体的三板比例不低于60%。

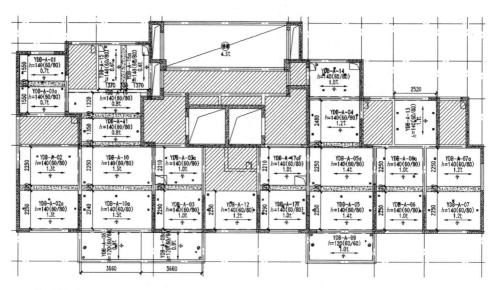

图2　典型楼栋水平构件平面布置图

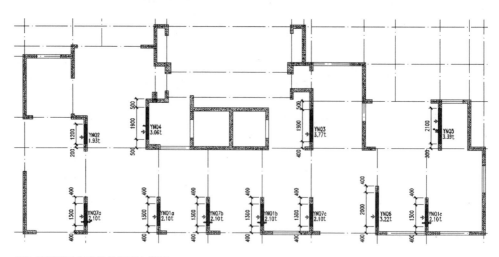

图3　典型楼栋竖向构件平面布置图

3 装配式设计亮点

　　本项目中采用竖向预制构件的部分楼栋，在进行竖向构件布置时，考虑构件采购成本、施工场地及塔吊型号等因素，在满足装配式建筑指标的前提下，构件拆分尽量协调统一，利于生产及运输堆放。构件布置尽量便于施工，减少造成施工问题的可能。将竖向构件布置在施工预留预埋及点位预留预埋较少的位置，提高生产效率，减小出错的可能。

　　在进行水平构件布置时，优先考虑卧室和客厅等功能房间，减少点位预留预埋、管线及风道的开洞。楼板拆分时，尽量做到协调统一、减少板块种类、满足钢筋的优化布筋、节省桁架钢筋等。

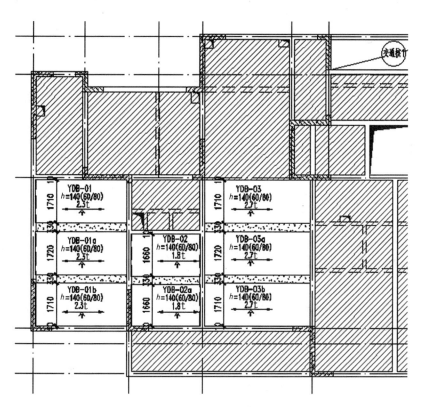

图4 水平构件布置图

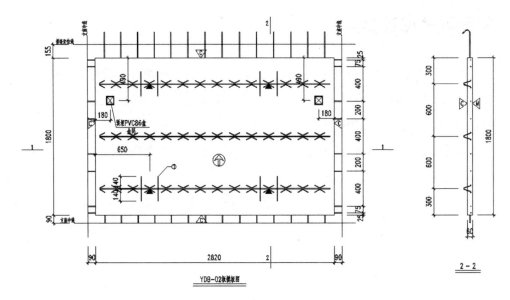

图5 水平构件详图

4 构件深化设计亮点

（1）本项目构件详图可直接满足工厂生产要求。预制构件深化设计图纸满足建筑、结构和机电设备等各专业的要求，并符合构件制作、运输、安装各环节的综合要求。详图深化过程中，已考虑点位布置、钢筋避让、起吊方式、吊点附加钢筋及洞口补强钢筋。

（2）构件深化过程中已统计钢筋下料表和混凝土方量等信息，满足施工准备要求。

（3）叠合板顶需要埋设管线，桁架钢筋与叠合板面预留尺寸均满足穿管线要求，构件详图中配以节点详图。

（4）本项目装配式混凝土结构设计专篇中，已充分考虑构件的生产工艺流程、质量管控要点、运输堆放要求、起吊安装注意事项等内容，满足从设计到生产、运输到安装的全流程指导要求。

钢筋下料表　　　　　　　表1

YDB-A-06			数量	单重（kg）		总重（kg）	
			1	46.4		46.4	
序号	钢筋形状	直径	类型	数量	单根长度（mm）	总长度（m）	单根重量（kg）	总重量（kg）
①	280	8	加强筋	8	280	2.24	0.111	0.88
②	3000	8	横筋	8	3000	24.00	1.185	9.48
③	2220	8	竖筋	2	2220	4.44	0.877	1.75
④	2650	8	竖筋	14	2695	37.73	1.065	14.90
⑤		8	桁架筋	4	2720	10.88	4.841	19.36

注：单块预制混凝土体积0.38m³；单块预制混凝土重量951kg。

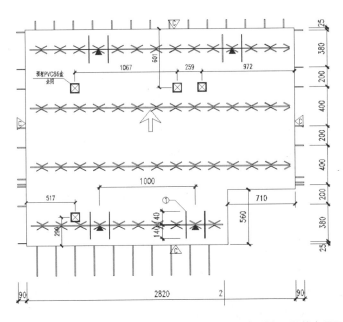

图6　构件加工图信息展示

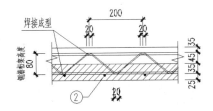

图7　钢筋桁架纵向剖面图

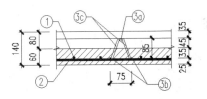

图8　钢筋桁架横向剖面图

案例 **17** 张家港市
某项目装配式复盘

1 项目概况

本项目位于苏州张家港市。总建筑面积约36万m²，其中地上建筑面积约26万m²，地下建筑面积约10万m²。地上部分由1栋物业用房、4栋配电房、3栋门卫用房以及层数17~26层不等的22栋高层住宅组成。

图1 项目鸟瞰图

图2 单体效果图

住宅结构形式均为装配整体式剪力墙结构。根据政策要求，住宅100%实施装配式，预制装配率要求不低于30%，三板率不低于60%。

2 装配式技术方案

2.1 方案实施原则

预制装配率实现方案：

（1）增加围护和部品的实施，以满足三板率和预制装配率的要求；

（2）由于预制楼梯在指标计算中的占比较小，部分建筑楼层较高，考虑一字形楼梯外墙的稳定性，未进行楼梯预制；

（3）仅户内区域实施叠合楼板；

（4）叠合板布置的范围尽可能减少PC构件的加工以及施工对预售进度的影响；

（5）内墙ALC的竖向应用范围为首层至顶层，平面应用范围排除了卫生间周边、电梯筒井道内部、管线密集处墙体，其余的二次墙体均采用ALC做法；

（6）采用干式铺装；

（7）采用装配式吊顶；

（8）采用装配式栏杆。

满足：①标准化、模块化、集约化设计；②标准化门窗；③装配式铝合金组合模板或BIM设计等。

2.2 技术方案

2.2.1 平面预制叠合板范围与构件现浇情况

（1）出屋面闷顶层、机房层的屋面板、墙体均采用现浇；

（2）公区及配电箱管线入户玄关区域采用现浇楼板；

（3）户内阳台、飘窗、卫生间范围采用现浇楼板；

（4）考虑一字形剪刀梯外墙稳定性，楼梯采用现浇；

（5）板厚精细化设计，客餐厅区域板厚为140mm，采用60mm预制层+80mm现浇层；卧室叠合板板厚为130mm，采用60mm预制层+70mm现浇层；在满足电气管线布置需求的情况下，减少混凝土量，提高净高。

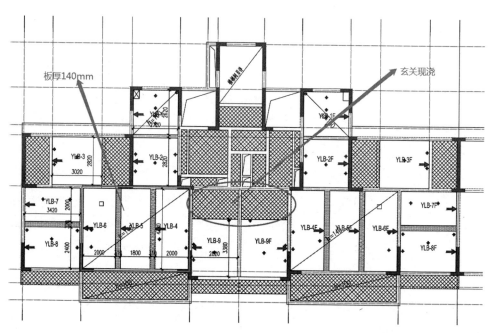

图3 平面预制叠合板范围

2.2.2 平面ALC预制内墙板范围

（1）厨房和卫生间采用砌体内墙；

（2）电梯间隔墙采用砌体内墙；

（3）部分风井隔墙采用砌体内墙。

3 注意事项

3.1 精细化设计

（1）机电管线应考虑合理排布，尽量避免在预制叠合板范围内多层交叉，以免造成设备穿管困难。

（2）钢筋应考虑和线盒、洞口等预留预埋避让。

（3）ALC尽可能避开潮湿环境布置；对于尺寸较小、管线预留较多的墙垛，不宜布置ALC。

（4）吊点数经过专项设计计算，防止脱模或吊装引起叠合板开裂。

图4 桁架筋穿管图

图5 点位与钢筋避让

3.2 加工阶段

（1）叠合板侧边需做粗糙面，表面做拉毛处理；预制板表面做成凹凸差不小于4mm的粗糙面。

（2）桁架筋高度与预制底板的相对高差控制，加工时采取防止上浮的措施。

（3）务必保证纵筋外伸钢筋的定位和长度。

（4）做好出厂检验、进场检验，保证运输至现场的构件是合格的，避免影响工期。

（5）点位布置需以最终版的精装图纸进行复核，点位应避开桁架钢筋进行布置。

（6）叠合板上的点位及开洞位置、大小以及钢筋长度及数量、体积及重量需复核后方可进行加工；楼板上预埋件需机电专业预留，同时需总包、设计院各方会审确认，构件厂校核确认无误。

3.3 施工阶段

（1）叠合楼板吊装需有合理的吊装、堆放方案。

（2）拼缝处模板应加固，防止胀模。

（3）楼板的水平高度调节需准确。

（4）所有参与现场施工的管理人员和技术人员应开展严格的管理和技术培训，培训合格后方可进行施工。

（5）现场施工开始之前，总包单位应提供现场施工技术方案（含管理制度、技术和工人培训方案、主要构件加工工艺方案、主要施工工序工艺方案、加工和施工质量控制专项方案、检验和验收制度等）。

案例 18 常熟市某项目装配式复盘

1 项目概况介绍

本项目位于江苏省常熟市，用地面积5万多平方米，为居住用地。地上建筑面积约12万m²。

住宅结构形式均为装配整体式剪力墙结构，根据政策要求，住宅100%实施装配式，三板率不低于60%。

图1 项目鸟瞰图

2 装配式技术方案

2.1 方案实施原则

"三板"实现方案：

（1）仅户内区域实施叠合楼板，考虑卫生间和阳台的功能需求，采用现浇；考虑配电箱入户管线集中，局部采用现浇；

（2）叠合板布置的范围尽可能减少PC构件的加工施工对预售进度的影响；

（3）内墙预制条板的竖向应用范围为首层至顶层，部分因施工安装工艺限制采用砌筑。

2.2 技术方案

2.2.1 平面预制叠合板范围与构件现浇情况

（1）屋面层、机房层的屋面板、墙体均采用现浇；

（2）公区采用现浇楼板；

（3）户内阳台、飘窗、卫生间、厨房范围采用现浇楼板。

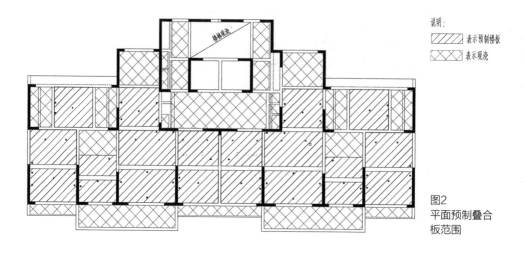

说明：
▨ 表示预制楼板
▨ 表示现浇

图2
平面预制叠合
板范围

2.2.2 平面ALC预制内墙板范围

强弱电箱位置、电梯井道、楼梯间内的内隔墙采用砌块，其他位置采用轻质条板墙。

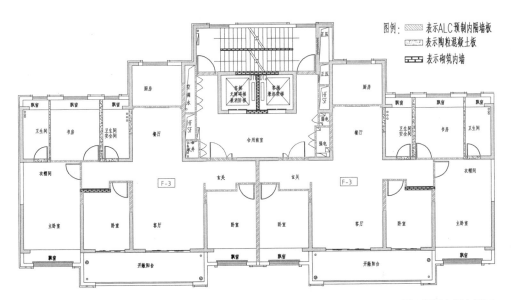

图例：▨ 表示ALC预制内隔墙板
▨ 表示陶粒混凝土板
▤ 表示砌筑内墙

图3 轻质条板布置图

3 轻质内隔墙条板施工的注意事项

（1）板间接缝的水泥砂浆应该饱满，施工时挤出多余砂浆并及时刮平。

（2）条板安装时，应从一端往另一端顺序安装，有洞口时宜从门洞往两端依次安装。

（3）轻质条板应在设计阶段进行优化，尽量避免非600整数的墙出现；如不能避免，则进行施工现场二次切割加工，现场加工工程中避免使用200mm以下的窄板。

（4）入户门等门体较重的位置，门框四周尽量不采用条板或进行加固处理。

当门框位置需要采用条板填充，且门洞≤1500mm时，门洞顶部可采用横板，搭接宽度应≥100mm；当门框到梁的间距较小时，采用梁下挂板，虽然需要施工支模，绑扎钢筋较复杂，但工艺效果和工程质量俱佳。

（5）轻质条板可通过管卡和U形卡与结构加强连接。

（6）电梯井四周的墙板、窗洞管线较多的墙面不宜采用轻质墙板，当条板需要开洞时，需待板安装完有一定强度后，才能在板上开槽。开槽时应沿板的纵向切槽，深度不大于1/3板厚，尽量减少横向开槽，对于强弱电箱位于内隔墙的情况，尽量采用现浇或砌筑方式。

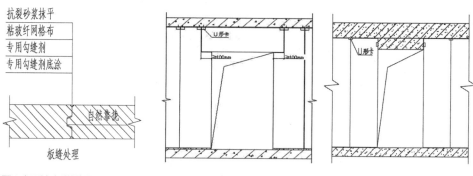

图4 轻质条板拼缝图   图5 门洞顶部布置

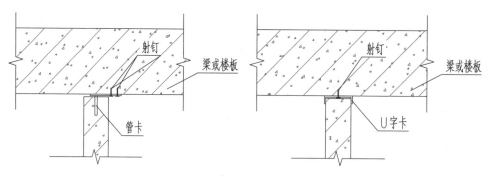

图6 管卡法（钢板可在任一方向固定）   图7 U字卡法

温州市政策介绍

温州市装配式政策整体已经历了三个发展阶段，新的标准已在2020年6月发布。

1 第一阶段（温政办〔2016〕78号、温政办〔2017〕33号）

2016年温州市政府开始颁布第一个装配式政策文件，即《温州市人民政府办公室关于推进新型建筑工业化的实施意见（试行）》（温政办〔2016〕78号），提出了绿色建筑的主体目标和主要任务；2017年以78号文为依据颁布了《温州

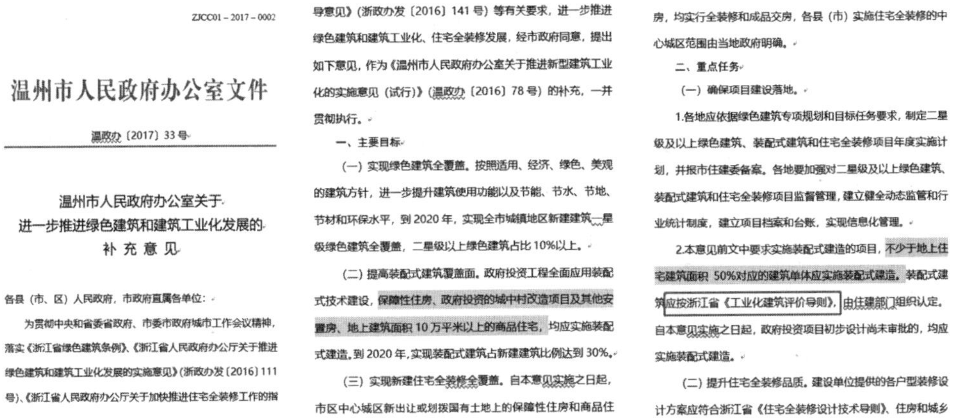

ZJCC01－2017－0002

温州市人民政府办公室文件

温政办〔2017〕33号

温州市人民政府办公室关于
进一步推进绿色建筑和建筑工业化发展的
补充意见

各县（市、区）人民政府，市政府直属各单位：

为贯彻中央和省省政府、市委市政府城市工作会议精神，落实《浙江省绿色建筑条例》《浙江省人民政府办公厅关于推进绿色建筑和建筑工业化发展的实施意见》（浙政办发〔2016〕111号）、《浙江省人民政府办公厅关于加快推进住宅全装修工作的指

导意见》（浙政办发〔2016〕141号）等有关要求，进一步推进绿色建筑和建筑工业化、住宅全装修发展，经市政府同意，提出如下意见，作为《温州市人民政府办公室关于推进新型建筑工业化的实施意见（试行）》（温政办〔2016〕78号）的补充，一并贯彻执行。

一、主要目标

（一）实现绿色建筑全覆盖。按照适用、经济、绿色、美观的建筑方针，进一步提升建筑使用功能以及节能、节水、节地、节材和环保水平，到2020年，实现全市城镇地区新建建筑二星级绿色建筑全覆盖，二星级以上绿色建筑占比10%以上。

（二）提高装配式建筑覆盖面。政府投资工程全面应用装配式技术建造，保障性住房、政府投资的城中村改造项目及其他安置房、地上建筑面积10万平米以上的商品住宅，均应实施装配式建造。到2020年，实现装配式建筑占新建建筑比例达到30%。

（三）实现新建住宅全装修全覆盖。自本意见实施之日起，市区中心城区新出让或划拨国有土地上的保障性住房和商品住

房，均实行全装修和成品交房，各县（市）实施住宅全装修的中心城区范围由当地政府明确。

二、重点任务

（一）确保项目建设落地。

1.各地应依据绿色建筑专项规划和目标任务要求，制定二星级及以上绿色建筑、装配式建筑和住宅全装修项目年度实施计划，并报市住建备案。各地要加强对二星级及以上绿色建筑、装配式建筑和住宅全装修项目监督管理，建立全动态监管和行业统计制度，建立项目档案和台账，实现信息化管理。

2.本意见前文中要求实施装配式建造的项目，不少于地上住宅建筑面积50%对应的建筑单体应实施装配式建造。装配式建筑应按浙江省《工业化建筑评价导则》，由住建部门组织认定。自本意见实施之日起，政府投资项目初步设计初审批的，均应实施装配式建造。

（二）提升住宅全装修品质。建设单位提供的各户型装修设计方案应符合浙江省《住宅全装修设计技术导则》、住房和城乡

图1 相关文件内容

市人民政府办公室关于进一步推进绿色建筑和建筑工业化发展的补充意见》（温政办〔2017〕33号），对装配式实施范围和预制装配率提出了具体规定。

浙江省住房和城乡建设厅《工业化建筑评价导则》于2016年1月发布。

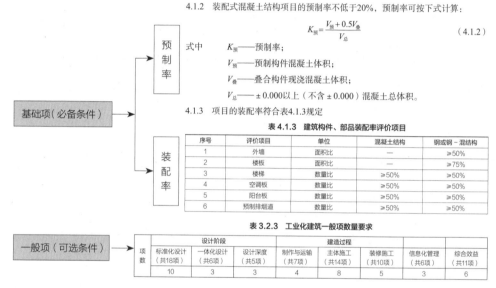

4.1.2　装配式混凝土结构项目的预制率不低于20%，预制率可按下式计算：

$$K_{预} = \frac{V_{预} + 0.5V_{叠}}{V_{总}}　　　（4.1.2）$$

式中　　$K_{预}$——预制率；

　　　　$V_{预}$——预制构件混凝土体积；

　　　　$V_{叠}$——叠合构件现浇混凝土体积；

　　　　$V_{总}$—— ±0.000以上（不含±0.000）混凝土总体积。

4.1.3　项目的装配率符合表4.1.3规定

表4.1.3　建筑构件、部品装配率评价项目

序号	评价项目	单位	混凝土结构	钢或钢－混结构
1	外墙	面积比	—	≥50%
2	楼板	面积比	—	≥75%
3	楼梯	数量比	≥50%	≥50%
4	空调板	数量比	≥50%	≥50%
5	阳台板	数量比	≥50%	≥50%
6	预制排烟道	数量比	≥50%	≥50%

表3.2.3　工业化建筑一般项数量要求

项数	设计阶段			建造过程				
	标准化设计（共18项）	一体化设计（共6项）	设计深度（共5项）	制作与运输（共7项）	主体施工（共14项）	装修施工（共10项）	信息化管理（共6项）	综合效益（共11项）
	10	3		4	8	5	3	6

图2　《工业化建筑评价导则》相关内容

2 第二阶段（浙建质安发〔2019〕83号）

2019年8月1日起，浙江省工程建设标准《装配式建筑评价标准》DB33/T 1165—2019施行。原《工业化建筑评价导则》（建设发〔2016〕32号）同时废止。

评价单元应满足下列要求：

（1）主体结构部分的评价分值不低于20分；

（2）围护墙和内隔墙部分的评价分值不低于10分；

（3）实施全装修；

（4）应用建筑信息模型（BIM）技术；

备案号：正在报建设部备案之中

DB

DB33/T1165-2019

装配式建筑评价标准

Standard for assessment of prefabricated building

2019-03-19 发布　　　　2019-08-01 实施

浙江省住房和城乡建设厅　发布

表 4.0.1　装配式建筑评分表

评价项		评价要求	评价分值	最低分值
主体结构 (Q_1)（50分）	柱、支撑、承重墙、延性墙板等竖向构件	应用预制部件	35%≤比例≤80%	20～30*	20
		现场采用高精度模板	70%≤比例≤90%	5～10*	
		现场应用成型钢筋	比例≥70%	4	
	梁、板、楼梯、阳台、空调板等构件		70%≤比例≤80%	10～20*	
围护墙和内隔墙 (Q_2)（20分）	围护墙	非承重围护墙非砌筑	比例≥80%	5	10
		墙体与保温隔热、装饰一体化	50%≤比例≤80%	2～5*	
		采用保温隔热与装饰一体化板	比例≥80%	3.5	
		采用墙体与保温隔热一体化	50%≤比例≤80%	1.2～3.0*	
	内隔墙	内隔墙非砌筑	比例≥50%	5	
		采用墙体与管线、装修一体化	50%≤比例≤80%	2～5*	
		采用墙体与管线一体化	50%≤比例≤80%	1.2～3.0*	
装修和设备管线 (Q_3)（30分）		全装修	—	6	6
		干式工法楼面	比例≥70%	6	—
		集成厨房	70%≤比例≤90%	3～6*	
		集成卫生间	70%≤比例≤90%	3～6*	
	管线分离	竖向布置管线与墙体分离	50%≤比例≤70%	1～3*	
		水平向布置管线与楼板和湿作业楼面垫层分离	50%≤比例≤70%	1～3*	

注：表中带"*"项的分值采用"内插法"计算，计算结果取小数点后1位。

图3　相关标准内容

（5）体现标准化设计；

（6）公共建筑的装配率不低于60%，居住建筑的装配率不低于50%。

3 第三阶段（温住建发［2020］135号）

2020年，温州市住房和城乡建设局批复同意发布《温州市装配式建筑评价标准实施细则（试行）》，作为浙江省《装配式建筑评价标准》DB33/T 1165—2019在温州市实施的配套细则。

温州市住房和城乡建设局
关于同意发布《温州市装配式建筑评价标准实施细则（试行）》的批复

温住建发〔2020〕135号

发布日期：2020-07-17　来源：市住建局　字号：[大 中 小]

温州市绿色建筑与建筑工业化促进会：

你单位关于要求发布《温州市装配式建筑评价标准实施细则（试行）》的报告收悉。经公开征求意见、专家评审，确认你单位主编的《温州市装配式建筑评价标准实施细则（试行）》符合国家、省市相关法律法规和政策规定，具备可实施性，对规范温州市装配式建筑建设，促进其健康发展具有较大的积极作用。现同意发布，作为浙江省《装配式建筑评价标准》（DB33/T1165-2019）在我市实施的配套细则，指导我市装配式建筑的建设。请你们今后做好该实施细则技术条款的解释工作，并在实施中收集相关问题和建议，以备今后改进。

图4 相关文件内容展示

温州市装配式建筑评价标准实施细则

1 基本规定

1.1 装配式建筑应坚持标准化、安全性、模数协调的设计原则，对建筑设计作合理优化。

1.2 为了体现装配式建筑标准化设计原则，装配式建筑评价单元的划分应坚持预制部品部件少规格、多组合。装配式建筑附带裙房时，宜从裙房屋面以上层开始计算；装配式建筑无附带裙房时，应从±0.000楼层以上开始计算。

1.3 装配式建筑评价单元一般不小于500㎡。

1.4 装配式建筑应采用全装修。居住建筑全装修应符合国家和地方现行相关规定和标准的要求，公共建筑和拆迁安置项目全装修的范围应包括建筑的公共区域和已确定使用功能和标准的全部室内区域，针对使用方未确定的建筑内产权区域可留待二次装修。装配式建筑宜采用装配化装修，提倡标准化、模数化、装配化和信息化并兼顾多样性和个性化。

1.5 装配式建筑应采用建筑信息模型（BIM）技术。其中申报装配式建筑评价等级A级及以上的项目，应完成设计阶段BIM模型、部品部件生产阶段BIM模型和施工阶段BIM模型，并实现一个模型下的信息传递，项目竣工后需提供项目完整的BIM模型，包括用地红线内的所有地上、地下建筑和附属设施。

2 计算细则

2.1 混凝土结构的竖向受力构件和竖向预制构件体积的计算可简化为水平截面和层高之积。

2.2 计算装配式楼（屋）面板水平投影面积时，主受力方向边长取两端支座中心距离，叠合板间后浇带一般不大于300mm，确有必要时可放宽到400mm。

2.3 计算所有墙体面积时，墙宽按实取。其中围护墙墙体面积为主体墙面积，内隔墙高度取层高减500mm，不扣除门、窗及预留洞口面积。

2.4 含飘窗外墙构件不属于水平构件，应归类于非承重围护墙。

2.5 围护墙采用墙体与保温隔热一体化时，应满足热桥在建筑外围护构件中占比不大于表1数值的要求。外围护构件面积为节能建筑保温轮廓线与层高之积。

表1

建筑高度	结构形式	热桥占比	砌体占比	备注
27m<H≤54m	剪力墙结构	64%	36%	
54m<H≤100m	剪力墙结构	73%	27%	

2.6 围护墙采用墙体与保温隔热一体化时，应符合现行浙江省工程建设标准《墙体自保温系统应用技术规程》DB33/T1102,墙体材料导热系数不大于0.23W/（m*K），且自保温墙体自身传热系数应满足本建筑外墙传热系数要求，自保温墙体的附加保温层不参与节能计算。

2.7 内隔墙不包括竖向结构部分。

2.8 内隔墙采用墙体与管线一体化时，应在装配式建筑施工图中表达内隔墙管线点位及管线槽标准构造图；内隔墙加工制作应在工厂完成，厂家应出具内隔墙排版图、墙板加工详图和出厂检验报告。

2.9 在计算干式工法楼面比例时，屋面、阳台、外廊、设备平台、厨房、卫生间、楼梯、竖向结构、墙体、洞口部位面积除外。

2.10 竖向布置管线和墙体分离计算时，电气、给水排水、采暖空调通风管线均已设置管道井时，可得1分；竖向给水排水及采暖空调通风管线与墙体分离时，可再得1分；竖向电气管线与墙体分离大于70%时，可再得1分。

2.11 水平向布置管线与楼板和湿作业楼面垫层分离计算时，公共区域所有管线与楼板和湿作业楼面垫层分离，可得1分；户内所有管线与楼板和湿作业楼面垫层分离可再得2分，或部分管线与楼板和湿作业楼面垫层分离可再得1分。

经2020年6月11日的专家评审后的最终修改稿符合专家修改意见。

图5 评价细则内容

案例

19 温州市鹿城区
某项目装配式复盘

1 项目概况

　　本项目位于温州市鹿城区；总建筑面积约15万m²，地上总面积约10万m²。按政府回复文件，安置房装配式实施比例为100%，商品房装配式实施比例为50%，总建筑面积为安置房与商品房总面积，经过统一考虑面积和楼栋布置，1栋安置房实施装配式，4栋商品房实施装配式。最终装配式实施面积约为6万m²。

图1　项目鸟瞰图

2 项目方案

本项目拿地时间较早，执行旧地标，根据《温州市人民政府办公室关于进一步推进绿色建筑和建筑工业化发展的补充意见》（温政办〔2017〕33号），保障房装配式建造实施范围100%，商品房大于50%。地标评价标准为"预制率+装配率"，预制率不小于20%、装配率不小于50%。按浙江省《工业化建筑评价导则》（建设发〔2016〕32号）计算。

2.1 楼栋选取方案

参照33号文，安置房用装配式建造；商品房共7栋，总面积约7.4万m²，按50%的面积比例实施装配式建造，考虑可行性，初期设计4种楼栋比选方案。

方案一：实施楼栋总面积约4万m²，面积比53%，成本稍高。

方案二：实施楼栋总面积约3.7万m²，面积比50%，成本最低。

方案三：实施楼栋总面积约3.8万m²，面积比51%，成本较低。

方案四：实施楼栋总面积约4.1万m²，面积比55%，成本最高。

各方案优缺点如下。

方案一：实施装配式建造的有4个户型，该项目的户型均已涉及，装配式设计相对复杂，装配式建筑面积占比较高。

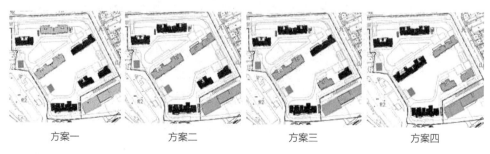

| 方案一 | 方案二 | 方案三 | 方案四 |

图2 楼栋比选方案

方案二：实施装配式建造的楼栋涉及户型数量同方案一，装配式建造楼栋面积比例最小。

方案三：实施装配式建造的楼栋涉及户型数量同方案一，装配式建造楼栋面积比例较小，所有楼栋靠近外围，方便施工，但需多布置1台重级吊车。

方案四：实施的装配式户型数量最少，但装配式建造楼栋面积比例最高。

通过方案比较，四个方案均可以满足政策中商品房按50%住宅面积比例实施装配式建筑的要求；方案二的装配式建造楼栋面积比例较低，施工相对方便。

2.2 装配式技术方案

参照浙江省《工业化建筑评价导则》（建设发〔2016〕32号）计算。

4.1 基础项

4.1.1 项目具备完整的设计文件。

4.1.2 装配式混凝土结构项目的预制率不低于20%，预制率可按下式计算：

$$K_{预} = \frac{V_{预} + 0.5V_{叠}}{V_{总}} \qquad (4.1.4)$$

式中 $K_{预}$——预制率；

            $V_{预}$——预制构件混凝土体积；

            $V_{叠}$——叠合构件现浇混凝土体积；

            $V_{总}$—— ±0.000以上（不含 ±0.000）混凝土总体积。

4.1.3 项目的装配率符合表4.1.3规定

表 4.1.3   建筑构件、部品装配率评价项目

序号	评价项目	单位	混凝土结构	钢或钢－混结构
1	外墙	面积比	—	≥50%
2	楼板	面积比	—	≥75%
3	楼梯	数量比	≥50%	≥50%
4	空调板	数量比	≥50%	≥50%
5	阳台板	数量比	≥50%	≥50%
6	预制排烟道	数量比	≥50%	≥50%

图3 相关计算内容

经计算，所有单体建筑预制率、装配率均满足要求。某30层楼栋平面布置方案如图4所示。

预制构件分布范围：①预制楼梯：二至三十层；②预制阳台板及设备平台板：采用叠合楼板，二层顶至二十九层顶；③叠合楼板：采用叠合楼板，二层顶至二十九层顶。

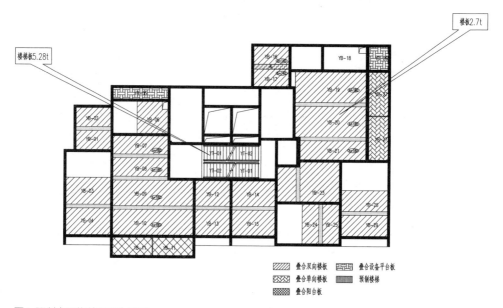

图4 预制水平构件平面布置图

3 设计亮点

3.1 方案优化

针对旧地标，可以有多种实施方案进行选择，该地区以往项目方案设计常采用"竖向预制构件+水平构件"来满足预制率20%的要求。

鉴于竖向预制构件造价高于水平预制构件，且相对于预制叠合板，预制竖向构件的现场施工难度更大。本项目选择取消预制竖向构件，优先选择标准层楼板、标准层楼梯、阳台、设备平台板（空调板）进行预制。

在水平构件的选取上，由于卫生间区域楼板水电管线较多，若选择卫生间区域楼板进行预制，则构件加工时需要预留较多的洞口，工序更为复杂，且存在封堵不密实而出现漏水的隐患；卫生间区域楼板需要降板，现场安装时工序烦琐，故未选择卫生间区域的楼板进行预制。

预制楼梯的造价相对便宜，且标准层楼梯层高相同，有利于实现标准化。预制楼梯现场施工较传统现浇楼梯更加方便，所以所有标准层楼梯均采用预制楼梯。经过方案优化后，大大降低了造价成本和工期成本。

3.2 大板设计

本项目中部分叠合板跨度大于6m，为保证后续施工安全，满足设计要求，对大跨度叠合板进行结构验算。

由《装配式混凝土结构技术规程》JGJ 1—2014中6.2.3条：

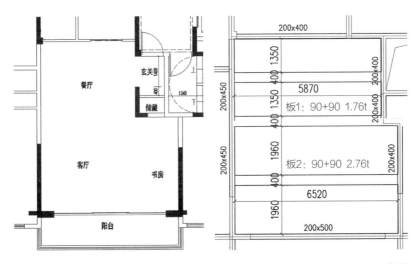

图5 建筑平面示意图与拆分平面示意图

预制构件进行脱模验算时，等效静力荷载标准值应取构件自重标准值乘以动力系数与脱模吸附力之和，且不宜小于构件自重标准值的1.5倍。动力系数不宜小于1.2；脱模吸附力不宜小于1.5kN/m²。取两种组合的较大值验算：1.5×自重；1.2×自重+1.5。

q_1=1.5×自重=1.5×（25×0.09）=3.375kN/m²；

q_2=1.2×自重+1.5=1.2×（25×0.09）+1.5=4.2kN/m²；

取q=4.2kN/m²。

板1计算：

控制受拉区混凝土拉应力，$M/W \leqslant f_{tk}$；

$M/W = 1.029 \times 10^6 /（1000 \times 90^2/6）=0.762MPa \leqslant f_{tk}=2.01MPa（C30）$；

$M/W = 0.439 \times 10^6/（1000 \times 90^2/6）=0.325MPa \leqslant f_{tk}=2.01MPa（C30）$；

均满足规范要求。

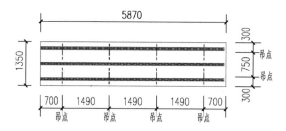

图6 板1平面布置图

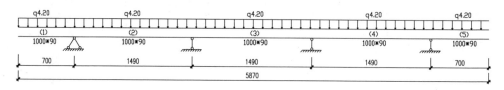

图7 板1几何尺寸及荷载标准值简图（单位：mm）

图8 板1弯矩包络图（调幅后，单位：kN·m）

板2计算：

控制受拉区混凝土拉应力，$M/W \leqslant f_{tk}$；

$M/W = 1.094 \times 10^6 / (1000 \times 90^2/6) = 0.810\text{MPa} \leqslant f_{tk} = 2.01\text{MPa}$（C30）；

$M/W = 0.599 \times 10^6 / (1000 \times 90^2/6) = 0.444\text{MPa} \leqslant f_{tk} = 2.01\text{MPa}$（C30）；

经计算，均满足规范要求。

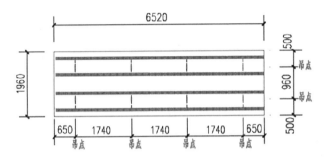

图9 板2平面布置图

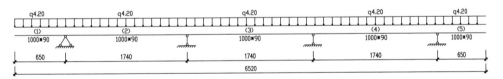

图10 板2几何尺寸及荷载标准值简图

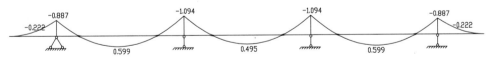

图11 板2弯矩包络图（调幅后，单位：kN·m）

大跨度叠合板吊装、堆放应满足以下技术要求：

（1）叠合板存储宜平放，叠放不宜超过六层；堆放时间不宜超过两个月。

（2）在存放过程中，垫木位置宜与吊装时起吊位置一致；叠放构件的垫木应在同一直线上并上下垂直；垫木的长、宽、高均不宜小于100mm。

（3）起吊时观察两根钢丝绳有无缠绕，随时调整吊绳保持竖直，也就是一边上升一边前后左右移动。

（4）快离地时上升节奏放慢。

（5）吊起后吊至肩膀高位置便于用手控制板，避免抖动和板材旋转。

（6）吊至堆放场地或作业台面时降低板材高度，以离台面5cm为准。

3.3 楼梯方案比选

本项目部分楼栋的楼梯重量大于5t，为吊装方便，考虑采用以下方案减重。

方案一：横分两半。单个楼梯重量为2.3t，但施工复杂程度增加（增加现浇梁柱），措施费会有上升。

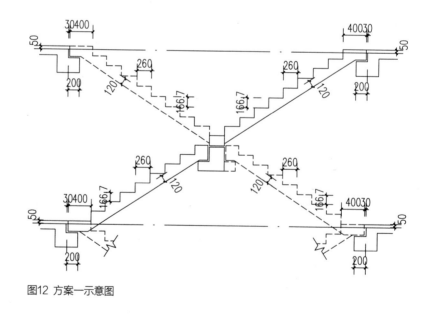

图12 方案一示意图

方案二：竖分两半。单个楼梯重量为2.6t，构件方量不变，预制构件成本增量不大。施工需两次吊装，多一道拼缝处理工艺，措施费会有上升。

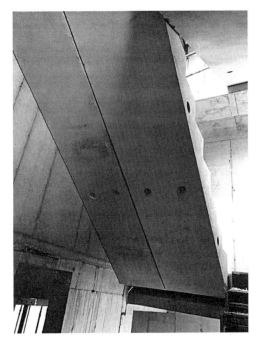

图13 方案二示意图

　　方案三：预制楼梯采用轻质混凝土。构件重量减少，构件材料成本增加。

　　综合分析，三种方案都使施工吊装难度降低；方案一、二拆分为两块，整体差，且施工操作难度大，措施费用增加；方案三整体性好，施工操作简单，措施费减少，但材料费有所增加。整合造价、施工对比，建议采用方案三。

福建省福州市政策

《福建省人民政府办公厅关于大力发展装配式建筑的实施意见》（闽政办〔2017〕59号）规定，在单体装配式建筑完成基础工程到标高±0.00的标准，并已确定施工进度和竣工交付日期的情况下，可申请办理预售许可。

《福州市人民政府关于加快发展装配式建筑的实施意见（试行）》（榕政综〔2017〕1164号）规定，2018年起，新办理建设用地规划许可证的福州市五城区新建建筑35%以上面积采用装配式建造；市国有投资（含国有资金投资占控股）的保障性住房项目50%以上面积采用装配式建造；滨海新城新建建筑50%以上面积采用装配式建造。其他县（市）城区范围内新获得建设用地的建筑项目20%以上面积采用装配式建造。2019年起，新办理建设用地规划许可证的福州市五城区新建建筑50%以上面积采用装配式建造；市国有投资（含国有资金投资占控股）的保障性住房项目100%面积采用装配式建造。

《福建省装配式建筑装配率计算细则（试行）》规定，装配式建筑应同时满足下列要求：

（1）主体结构部分的分值不低于30分。

（2）围护墙和内隔墙部分的分值不低于10分。

（3）技术创新的分值不低于5分。

（4）装配率不低于50%。

《福建省装配式建筑装配率计算细则（试行）》

表1

评价项			评价要求	评价分值	最低分值
主体结构 （最高50分）	柱、支撑、承重墙、延性墙板等竖向构件		35%≤比例≤80%	20~30*	30
			15%≤比例＜35%且非预制构件部分均采用装配式模板	5~10*	
			装配式模板≥70%	5	
	梁、板、楼梯、阳台、空调板等水平构件		70%≤比例≤85%	20~35*	
围护墙和内隔墙 （最高20分）	围护墙	非承重围护墙非砌筑	比例≥80%	10	10
		围护墙与保温、隔热、装饰一体化	50%≤比例≤80%	4~10*	
	内隔墙	内隔墙非砌筑	50%≤比例≤80%	5~10*	
		内隔墙与管线、装修一体化	50%≤比例≤80%	2~5*	
		内隔墙与装修一体化	50%≤比例≤80%	1~2*	
		内隔墙与管线一体化	50%≤比例≤80%	1~2*	
装修和设备管线 （最高20分）	全装修		—	6	—
	干式工法楼面、地面		比例≥70%	6	—
	集成厨房		70%≤比例≤90%	1~4*	
	集成卫生间		70%≤比例≤90%	1~4*	
	管线分离		50%≤比例≤70%	2~5*	
技术创新 （最高10分）	BIM技术应用		设计阶段	3	5
			施工阶段	3	
	可追溯系统			2	
	组织方式		采用工程总承包	1	
	装配式绿色建筑		按绿色建筑二星标准设计并取得绿色二星设计标识证书	1	
			按绿色建筑三星标准设计并取得绿色三星设计标识证书	2	
	标准化外窗应用		应用比例≥60%	2	
	设计标准化		存在不符合1M基本模数整数倍数的轴线尺寸	-2	
			存在不符合扩大模数2M3M整数倍数的楼梯间开间及进深的轴线尺寸	-2	
			存在不符合1M整数倍数的层高	-2	
	部品部件通用化		轮廓尺寸相同的预制混凝土梁、板类构件个数大于100	1	
			轮廓尺寸相同的预制混凝土楼梯类构件个数大于60	1	
	减震隔震技术集成应用			2	
	装配式混凝土路面、围墙、窨井		应用比例应分别≥70%	1	
合计					

注：表中带"*"项的分值采用"内插法"计算，计算结果取小数点后一位。

案例

20 福州市滨海区某项目装配式复盘

1 项目概况

项目位于福州市长乐区滨海新城，是福州滨海新城核心区，规划为福州城市新中心，规划面积188km²，规划人口130万，将建设为两岸交流合作重要承载区、扩大对外开放重要门户、改革创新示范区、生态文明先行区，是构建大福州现代化国际城市群的"核心引擎"。

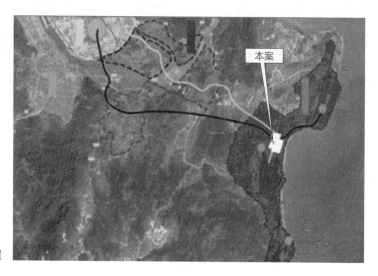

图1 项目位置

本项目共有两个大地块，福州滨海新城1号地块（下称"1号地块"），福州滨海新城2号地块（下称"2号地块"）。"1号地块"有地块一～地块十五共15个小地块组成，地上总计容面积约67万m²，按照要求需要采用装配式实施面积不少于约34万m²。"2号地块"由地块A～地块P共14个小地块组成，地上总计容面积约68万m²，按照要求需要采用装配式实施面积不少于约34万m²。

2 项目方案

2.1 1号地块方案分析

2.1.1 1号地块各地块情况

根据地块不同业态和福州市技术标准，1号地块可实施两个方案满足整个地块50%的地上计容面积实施装配式：方案一，装配式实施在商业部分写字楼+部分住宅。方案二，装配式实施在住宅。

图2 1号地块平面图

1号地块各个地块情况表

表1

地块	用地性质	地上计容面积（m²）	主楼（m²）	商业面积（m²）	产品特点
地块一	商服	169862	79241.23	90620.77	商场+写字楼
地块二	公共	—	—	—	—
地块三	公共	—	—	—	—
地块四	商服	72062	70619	1441	乙级写字楼
地块五	住宅、商服	42099	40599	1500	住宅+毛坯
地块六	住宅、商服	33027	31528	1500	住宅+毛坯

续表

地块	用地性质	地上计容面积（m²）	主楼（m²）	商业面积（m²）	产品特点
地块七	住宅、商服	55061	53560	1500	住宅+精装
地块八	住宅、商服	54677	51378	1500	住宅+精装
地块九	住宅、商服	15450	14650	800	住宅+毛坯
地块十	住宅、商服	43773	42273	1500	住宅+毛坯
地块十一	公共	—	—	—	—
地块十二	住宅、商服	39488	37987	1500	住宅+精装
地块十三	住宅、商服	68669	61768	1500	住宅+毛坯
地块十四	住宅、商服	78257	70257	8000	住宅+毛坯
地块十五	公共幼儿园	6275	6275	0	公共幼儿园

图3 方案一

图4 方案二

2.1.2　1号地块装配式方案对比

1号地块装配式方案对比　　表2

地块	产品特点	方案一 办公写字楼+部分住宅（m²）	方案二 住宅（m²）
地块一	商场+写字楼	79241.23	—
地块四	乙级写字楼	70619	—
地块五	住宅+毛坯	40599	40599
地块六	住宅+毛坯	31528	31528
地块七	住宅+精装	—	53560
地块八	住宅+精装	—	51378
地块九	住宅+毛坯	—	14650
地块十	住宅+毛坯	42273	42273
地块十二	住宅+精装	—	37987
地块十三	住宅+毛坯	47475.66	47475.66
地块十四	住宅+毛坯	32814.34	32814.34
写字楼	—	149860.2	—
装配式实施面积	—	353255.31	345723.11

2.1.3　1号地块装配式方案成本及税金对比

（1）建安成本分析

1）可研目标成本装配式比非装配式结构增加约10500万元。

2）经测算，装配式在写字楼上实施，成本增加约350元/m²（钢筋桁架楼承板+钢梁）；在精装修住宅上实施，成本增加约300元/m²；在毛坯住宅上实施，成本增加约250元/m²。

3）方案一中写字楼优先考虑装配式构造，剩余部分在毛坯住宅中实现，较非装配式结构增加成本约10600万元；方案二中毛坯住宅优先考虑装配式建造，剩余部分在精装住宅中实现，较非装配式结构增加约9300万元。

4）从建安成本角度上考虑，方案一较方案二高1300万元，方案二优于方案一，且方案二建安成本低于对应目标成本。

（2）税务分析

税务测算采用与原可研报告相同的面积分摊法口径计量税负变化。土地增值税方面，方案一减少住宅成本，增加写字楼成本，相互抵消后总成本减少约1200万元，土地增值税对比可研增加约350万元。仅有写字楼，且根据可研测算写字楼为盈利，因此增加写字楼成本1500万元后，写字楼税负减少550万元。方案二增加住宅成本，减少写字楼成本，土地增值税减少450万元。

此外，所得税和增值税主要受到项目总成本变化的影响。由于方案一总成本增加约80万元，方案二总成本减少约1200万元，因此方案一所得税与增值税增加约5万元；方案二所得税与增值税增加约300万元。

综上所述，由于根据可研测算，纯商业部分为盈利，因此减少写字楼成本同样会增加土地增值税税负。由于税负和成本是反向变化的，所以总成本的降低同样会增加所得税及增值税税负，但不会超过总成本降低量。综合以上，考虑总成本降低较多的方案二。

2.2 2号地块方案分析

2.2.1 2号地块各地块情况

2号地块各地块情况表   表3

地块	地块编码	土地性质	总计容面积（m²）
地块A	F-18	商业用地	127091.81
地块C	32-H-32	商业用地	60294.98
地块D	32-I-02	住宅	37517.14
地块E	32-I-10	住宅	38926.34
地块F	32-J-01	住宅	69773.22
地块G	32-J-02	住宅	43040.21
地块J	32-J-03	住宅	72344.58

续表

地块	地块编码	土地性质	总计容面积（m²）
地块K	32-J-05	住宅	60314.32
地块L	32-J-06	住宅	63035.42
地块M	32-J-07	住宅	47020.64
地块H	32-J-08	幼儿园	7632.30
地块N	32-I-14	商业用地	53559.18
地块B	32-H-24/32-H-23	绿地	—
地块P	32-J-22	绿地	—

图5 2号地块平面图   图6 方案一   图7 方案二

　　根据地块不同业态和福州市技术标准，2号地块将实施两个方案满足整个地块50%的地上计容面积实施装配式：方案一，在商业部分写字楼+部分住宅中实施装配式建造。方案二，在住宅中实施装配式建造。

2.2.2 2号地块装配式方案对比

2号地块装配式方案对比　　　　　　　　　　表4

地块	地块编码	土地性质	总计容面积（m²）	方案一 商业办公 + 住宅（m²）	方案二 住宅部分（m²）
地块A	F-18	商业用地	127091.81	104549.97	—
地块C	32-H-32	商业用地	60294.98	59089.08	—
地块D	32-I-02	住宅	37517.14	—	35467.14
地块E	32-I-10	住宅	38926.34	—	36826.34
地块F	32-J-01	住宅	69773.22	—	67638.22
地块G	32-J-02	住宅	43040.21	—	40970.21
地块J	32-J-03	住宅	72344.58	70199.58	70199.58
地块K	32-J-05	住宅	60314.32	55267.32	55267.32
地块L	32-J-06	住宅	63035.42	60868.42	60868.42
地块M	32-J-07	住宅	47020.64	—	—
地块H	32-J-08	幼儿园	7632.3	—	—
地块N	32-I-14	商业用地	53559.18	—	—
办公写字楼	—	—	—	163639.05	—
住宅	—	—	—	186335.32	347237.22
装配式实施面积	—	—	—	351474.32	347237.22

2.2.3 2号地块装配式方案成本及税金对比

（1）建安成本分析

1）可研目标成本装配式比非装配式结构增加约13800万元。

2）经测算，装配式在写字楼上实施，成本增加约350元/m²（钢筋桁架楼承板+钢梁）；在精装修住宅上实施，成本增加约300元/m²；在毛坯住宅上实施，成本增加约250元/m²。

3）方案一中写字楼优先考虑装配式建造，剩余部分在毛坯住宅中实现，较非装配式结构增加成本约10000万元；方案二中毛坯住宅优先考虑装配式建造，较非装配式结构增加约8600万元。

4）从建安成本角度上考虑，方案一较方案二高约1400万元，方案二优于方案一。

（2）税务分析

2号地块两种方案的差异主要是由于土地增值税方面的差异。由于地块纯商业部分根据测算为亏损，不需要缴纳土地增值税。因此方案二减少商业部分成本，提高住宅成本从而增加住宅部分土地增值税税负。经测算，方案一土地增值税增加约1700万元；方案二土地增值税增加约900万元。

所得税方面，由于受到成本总量变化及土地增值税影响，方案一所得税增加约600万元，方案二所得税增加约600万元，无差异。综合考虑成本变化影响，使用方案二能够有效降低税负。

结合《福建省装配式建筑装配率计算细则（试行）》的技术要求，采用方案二，选择在住宅部分实施装配式建造，降低成本约2700万元。

3　1号地块一期装配式方案优化

3.1　项目概况

1号地块一期项目，由1号地块中的十三地块和十四地块组成，其中，十三地块总建筑面积约9万m²，地上建筑面积约7万m²，地下建筑面积约2万m²；十四地块总建筑面积约10万m²，地上建筑面积大于7万m²，地下建筑面积不到3万m²。

本次装配式实施面积约8万m²，面积占比不小于50%，满足《福州市人民政府关于加快发展装配式建筑的实施意见（试行）》（榕政综〔2017〕1164号）的要求。

图8 项目装配式楼栋情况

3.2 装配式政策解读

按土地出让合同要求，需按《福州市人民政府关于加快发展装配式建筑的实施意见（试行）》（榕政综〔2017〕1164号，以下简称1164号文），采用装配式混凝土建造的项目，2018年底前，预制率不低于20%，装配率不低于30%。2019年起，高度60m（含）以下建筑，预制率不低于30%；高度60m以上建筑，预制率不低于20%，装配率不低于50%。

3.3 现有政策标准装配式技术及成本方案

按现有1164号文要求，本项目可按省标或国标，满足任意一项即可。

3.3.1 旧省标评价标准（预制率）

根据《福建省工业化建筑认定管理（试行）办法》：单体建筑预制率=结构构件预制率+非结构构件预制率。

（1）结构构件预制率计算方法

预制率是指依据通过施工图审查的设计文件（含拆分设计文件，下同），单体建筑的室外地坪以上主体结构和围护结构中预制混凝土构件部分的体积与其混凝土用量总体积之比。预制混凝土构件类型包括柱、梁、剪力墙、楼板、楼梯、阳台板等。

（2）非结构构件预制率计算方法

1）对于全部使用预制外墙板、内墙板的，分别折算成4%、3%计入预制率；部分使用的，则按比例折减后计入预制率。

2）全部使用系统门窗产品的，预制率增加2%。

3）鼓励实施室内装修与建筑、结构、机电设备一体化施工，对于室内装修一体化施工并实现成品房交付使用的，预制率增加5%。

4）全部使用整体式厨房、卫生间的住宅建筑，预制率分别增加1%。

3.3.2 国标评价标准（装配率）

根据《装配式建筑评价标准》GB/T 51129—2017，装配式建筑应同时满足下列要求：

（1）主体结构部分的分值不低于20分。

（2）围护墙和内隔墙部分的分值不低于10分。

（3）项目应采用全装修。

（4）装配率不低于50%。

	项目		指标要求	计算分值	最低分值
1 PC	主体结构（50分）	柱、支撑、承重墙、延性墙板等竖向构件	35%≤比例≤80%	20~30	20
		架、板、楼梯、阳台、空调板等构件	70%≤比例≤80%	10~20	
2 围护墙和内隔墙	围护墙和内隔墙（20分）	非承重围护墙非砌筑	比例≥80%	5	10
		围护墙与保温、隔热、装饰一体化	50%≤比例≤80%	2~5	
		内隔墙非砌筑	比例≥50%	5	
		内隔墙与管线、装修一体化	50%≤比例≤80%	2~5	
3 装修	装修和设备管线（30分）	全装修	—	6	6
		干式工法的楼地面	比例≥70%	6	—
		集成厨房	70%≤比例≤90%	3~6	
		集成卫生间	70%≤比例≤90%	3~6	
		管线分离	50%≤比例≤70%	4~6	

图9 国标《装配式建筑评价标准》GB/T 51129—2017的相关内容

3.4 新政策标准装配式技术方案

按新标准《福建省装配式建筑装配率计算细则（试行）》要求，装配式建筑方案为：

（1）主体结构部分选择板、阳台、空调板等水平构件。

（2）围护墙和内隔墙中，内隔墙采用非砌筑。

（3）技术创新中，采用BIM技术、可追溯系统、部品部件通用化等。

3.5 技术成本对比及结论

1号地块按新省标来执行。采用新省标技术实施相对简单，施工简便，成本增量最少。且福建当地暂时不推荐使用竖向构件作为装配式构件，该方案共节约成本3800万～4200万元。

1号地块及2号地块项目进行了整个地块各个业态的装配式分析，从装配式建筑装配率计算细则的技术角度，装配式工程的造价成本、项目税金支出、工程工期等多方面进行了综合分析，理顺了整个项目的装配式方向，为整个项目的装配式顺利实施打下了基础。同时，深度挖掘整个项目的成本降低潜力，共节约成本约6000万元，提升了项目的效益，增加了整个项目的竞争力。

3.6 技术难点

（1）设计阶段应用BIM技术进行装配式建筑施工图设计，并能提供BIM模型物料清单以及下列材料的，可分别计算评价分值：

1）提供符合国家《建筑信息模型设计交付标准》GB/T 51301—2018相关要求，建模细度达到LOD3.0的全专业BIM模型，得1分；

2）装配式混凝土结构提供满足钢筋碰撞检查要求的预制构件BIM模型及碰撞检查报告，其他装配式结构提供包含详细节点设计的BIM模型及碰撞检查报告，得2分。BIM设计成果需提交IFC格式文件供评审。

（2）设计阶段应用BIM技术，且施工阶段应用BIM技术实施装配式建筑建造管理，并能提供下列符合国家《建筑信息模型设计交付标准》GB/T 51301—2018相关要求，建模细度达到LOD4.0的下列材料的，可分别计算评价分值：

1）提供与装配式主体结构评价得分项相关的预制构件深化设计BIM模型，得2分；

2）提供与装配式围护墙及内隔墙、装饰装修和设备管线评价得分项相关的深化设计BIM模型，得1分。BIM设计成果需提交IFC格式文件供评审。

BIM模型要求精度高，信息的表达要求达到正向设计的水平，结构中对于装配式构件的表达应准确。建筑设计中的预制墙体需要进行实际布置设计，节点须进行处理。设备点位应布置精确到位，管线穿插和管线碰撞避让需要布置设计。电井、水井等设备间需要进行设备线路布置设计。

模型精细度基本等级划分　　　　　　　　　　　　　　　　　　表5

等级	英文名	代号	包含的最小模型单元
1.0级模型精细度	Level of Model Definition 1.0	LOD1.0	项目级模型单元
2.0级模型精细度	Level of Model Definition 2.0	LOD2.0	功能级模型单元
3.0级模型精细度	Level of Model Definition 3.0	LOD3.0	构件级模型单元
4.0级模型精细度	Level of Model Definition 4.0	LOD4.0	零件级模型单元

图10 建筑模型（LOD3.0）

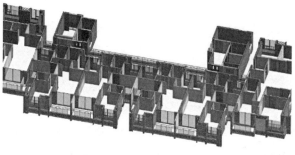

图11 建筑BIM模型

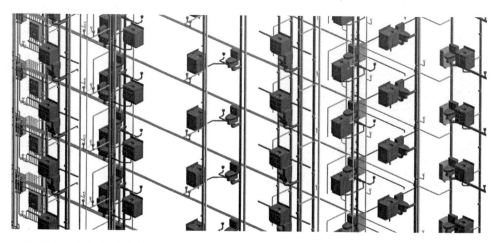

图12 水MEP模型（LOD3.0）

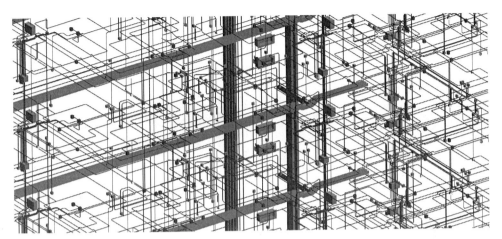

图13　电MEP模型（LOD3.0）

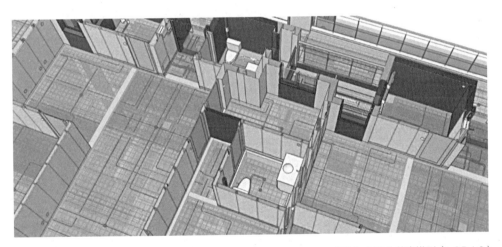

图14　全专业整合模型（LOD4.0）

专题篇

专题

1

全国装配式示范项目集锦

1 EVE装配式混凝土剪力墙结构体系

1.1 技术简介与适用范围

EVE装配式混凝土剪力墙结构体系，主要预制构件为预制空心板构件，经过现场组装连接并形成整体的装配式结构技术。

该结构体系适用于低层、多层、小高层住宅建筑。

1.2 技术措施

EVE结构体系经试验验证，其整体性能等同于现浇混凝土剪力墙结构。叠合板、楼梯等预制构件，在荷载永久组合值下的挠度符合标准要求。

1.3 EVE装配式混凝土剪力墙结构体系技术优点

EVE装配式混凝土剪力墙结构体系满足相关结构设计规范及装配式规范要求，该体系便于设计采用。预制空心板构件标准化程度高，便于在工厂生产，工艺成熟，质量可控。预制构件运输、堆放、安装时对相应设备无特殊要求，便于施工。

1.4 参考案例——北京城建畅悦居B1号楼回迁安置用房项目

工程类型：住宅楼项目；
建筑面积：地上建筑面积约7000m²；
应用地区：北京；
应用体系：EVE预制圆孔板剪力墙结构体系。

2 外挂板体系

2.1 预制混凝土外挂墙板简介

2.1.1 技术内容

应用于外挂墙板系统中的非结构预制混凝土墙板构件，简称外挂墙板。混凝土预制外挂墙板属于非承重墙，并不参与结构整体受力，而是像幕墙一样附着在主体结构的外侧。

只承受作用于本身的荷载，包括自重、风荷载、地震荷载、温度荷载以及施工阶段的荷载。

2.1.2 特点及分类

预制混凝土外挂墙板具有工厂化生产、装配化施工的显著特点。预制混凝土外挂板的优点：根据工程需要，可设计成集外饰、保温、墙体围护于一体的复合保温外墙板，也可设计成复合墙体的外装饰挂板。

点支承外挂墙板优点：构件及节点受力简单明确，对主体结构刚度没有影

图1 按支撑形式分类情况

响，可以完全释放温度应力，可以协调施工误差。

线支撑外挂墙板优点：墙板与主体结构间不存在缝隙，对建筑使用功能影响较小。

2.2 外挂墙板的连接节点

2.2.1 节点分类

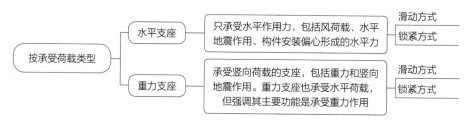

图2 按承受荷载类型分类情况

图3 按连接节点的固定方式分类情况

2.2.2 节点做法

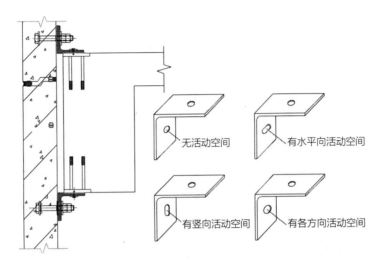

图4　外挂墙板水平支座的固定节点和活动节点示意图

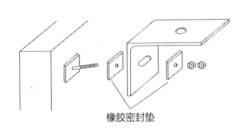

图5　上部水平支座（滑动方式）构造

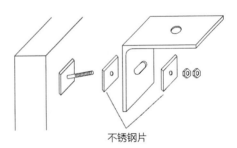

图6　上部水平支座（紧锁方式）构造

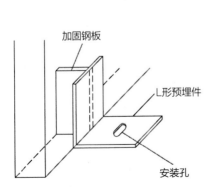

图7　下部重力支座（滑动方式）构造

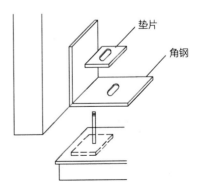

图8　下部重力支座（紧锁方式）构造

连接节点的数量：一般情况下，外挂墙板布置四个连接点，两个水平支座和两个重力支座。重力支座布置在板下部时为下托式，布置在板上部为上挂式。

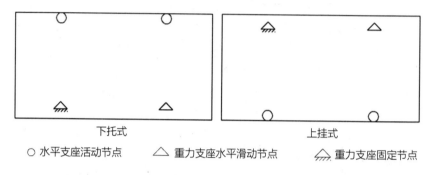

下托式   上挂式

○ 水平支座活动节点   △ 重力支座水平滑动节点   ⚡ 重力支座固定节点

图9 下托式与上挂式连接节点布置

2.3 参考案例

2.3.1 济南万科金域国际项目

项目位于山东济南。建筑高度126.1m，装配式框架结构，总建筑面积12.3万m²，地上面积91015m²，挂板面积84500m²。建筑类型商业办公，预制率60%，构件类型为PC外墙挂板、PC叠合板、PC楼梯。结构体系为"混凝土框架+清水混凝土外墙挂板+玻璃幕墙"。该项目荣获"山东省装配式建筑示范项目"。

2.3.2 北京市政府办公楼项目

项目位于北京通州。建筑高度小于50m，装配式框架结构，挂板面积27000m²。建筑类型办公，构件类型为PC外墙挂板、PC叠合板、PC楼梯。结构体系为"混凝土框架+清水混凝土外墙挂板+玻璃幕墙"。

2.3.3 亚太医药产业孵化园

项目位于吉林长春。建筑高度小于50m，装配式框架结构，单栋建筑地上建筑面积2900m^2，挂板面积2200m^2。建筑类型办公，构件类型为PC外墙挂板、PC叠合板、PC楼梯。结构体系为"混凝土框架+混凝土外墙挂板"。

3　叠合剪力墙体系

3.1　技术内容

　　叠合剪力墙结构是指采用两层带格构钢筋（桁架钢筋）的预制墙板组成，中间为空腔的预制构件。现场安装就位后，在空腔内浇筑混凝土，通过必要的构造措施，使现浇混凝土与预制构件形成整体的叠合构件。

　　桁架钢筋的作用既可作为吊点，又增加平面外刚度，防止起吊时开裂，同时作为连接墙板的两层预制片与现浇混凝土之间的拉接筋，提高结构整体性能和抗剪性能。

　　叠合剪力墙相互间的连接方式区别于其他装配式结构体系，板与板之间在空腔内现场铺设连接钢筋，预制构件无出筋，可实现全自动流水线生产，精度及生产效率高，同时可以不设拼缝，无需做拼缝处理，防水性更好。

3.2　适用范围

　　适用于抗震设防烈度为6~8度的多层、高层建筑，包含工业与民用建筑。叠合剪力墙体系具有良好的整体性和防水性能，还适用于地下工程，包含地下室、地下车库、地下综合管廊等。

3.3　参考案例

3.3.1　上海宝业爱多邦

　　该项目位于青浦新城，东至规划五路，西至规划地块，南至北淀浦和路，北至规划四路。总建筑面积83311.04m²，其中地上建筑面积56798.08m²。单体预制率30%。预制构件类型包括PC框架梁、PC剪力墙、PC叠合板、PC阳台板、PC飘窗板、PC楼梯。

3.3.2 天门湖公租房

该项目位于合肥经开区蓬莱路以东、紫蓬路以南、天门湖家园（国家保障性住宅廉租房小区）南侧、紫云路以北。该项目占地22670m²，总共建筑面积约69000m²（1360套），5幢18层精装修住宅，其中3号楼采用西伟德整体装配式叠合板体系（基础除外），建筑面积约16978.9m²。

4 被动房体系

4.1 被动房简介

"被动房"是一种高度节能的建筑。通过自然采光、太阳能辐射等被动式节能措施与建筑外围护结构保温隔热节能技术相结合建成的建筑。室内环境舒适度显著提高，且建筑能耗大幅度降低。

通过采用先进节能的设计理念和施工技术，极大限度地提高建筑的保温、隔热和气密性能，并通过新风系统的高效热（冷）回收装置将室内废气中的热（冷）量回收利用，从而显著降低建筑的采暖和制冷需求。

4.2 被动房的建筑类型

被动房建筑标准几乎适用所有建筑类型。

4.3 被动房的优势

（1）外墙热工性能优良，室内温度一年四季都能维持在25℃左右。

（2）三玻两腔的被动式门窗，在保证保温性能的前提下又满足采光要求。

（3）被动房建筑无热桥，减少热能散失，提升保温性能，降低建筑对制冷和采暖的要求。

（4）建筑气密性要求高，减少建筑内部灰尘。

（5）采用高效热回收率的新风机组，室内空气大幅度净化，温度和湿度始终保持在舒适的范围。

4.4 被动房在我国的前景

根据我国以往建筑发展的经验，发展绿色低碳建筑符合中国国情，是建筑节能发展的必经之路。被动房建筑可以改变人们的室内外环境，改变建筑对传统能源的依赖，从而改变我们的生活和生态环境。被动房在中国具有很好的发展前景。

参考文献：

[1] 陈鹏，叶财华，姜荣斌. 装配式混凝土建筑结构识图与构造［M］. 北京：机械工业出版社，2020.

[2] 中国建筑标准设计研究院. 装配式建筑系列标准应用实施指南［M］. 北京：中国计划出版社，2020.

[3] 住房城乡建设部关于做好《建筑业10项新技术（2017版）》推广应用的通知[EB/OL].（2017-10-25）［2020-6-5］. http://www.mohurd.gov.cn/wjfb/201711/t20171113_233938.html.

专题 **2** 装配式项目的
成本分析

1 引言

　　成本是整个开发过程中的核心，关于装配式建筑的实施，开发商最关注的问题莫过于成本问题了。装配式项目的成本，跟装配式的实施面积、相关政策、具体技术应用等有关。本专题将根据装配式项目中的实施流程，介绍各阶段、各环节中的成本计算。

2 项目实施面积

　　目前，不同地区的装配式实施面积要求不同。一般都以地上计容面积为基准，乘以实施比例。

　　各主要地区装配式的实施面积要求如下。

　　（1）北京

　　"通过招拍挂文件设定相关要求，对以招拍挂方式取得城六区和通州区地上建筑规模5万平方米（含）以上国有土地使用权的商品房开发项目应采用装配式建筑；在其他区取得地上建筑规模10万平方米（含）以上国有土地使用权的商品房开发项目应采用装配式建筑。"

（2）上海

"新建民用建筑、工业建筑应全部按装配式建筑要求实施。"

（3）广州

"到2020年，实现装配式建筑占新建建筑的面积比例不低于30%；到2025年，实现装配式建筑占新建建筑的面积比例不低于50%。"

（4）深圳

"新建住宅、宿舍、商务公寓等居住建筑全部采用装配式建筑。

其他地区也有装配式建筑占新建建筑的面积比例50%、30%、25%、20%、15%等要求。"

3 政策优惠

针对目前装配式建筑成本相对于传统建筑较高的问题，为促进开发商应用的积极性，各地区均发布了相应优惠政策，大致有以下几项。

（1）±0.00预售许可

传统现浇建筑在结构施工到1/2或1/3高度时可拿销售许可，施行装配式的建筑可在±0.00甚至更早即拿到，便于开发商提前回笼资金。

（2）面积奖励

有些地区，实施装配式建筑有面积奖励，奖励建筑面积不得超过符合装配式建筑相关技术要求的住宅项目计容建筑面积的3%。

（3）财政补贴

如上海市，装配式建筑单体预制率不低于45%或装配率不低于65%时，每平方米补贴100元。

如广东地区，在市建筑节能发展资金中重点扶持装配式建筑和BIM应用，对经认定符合条件的给予资助，单项资助额最高不超过200万元。

4 方案技术成本分析

目前，全国大多数地区的装配式实施标准，基本上参照国家标准《装配式建筑评价标准》GB/T 51129—2017（以下简称国标），在国标基础上发布适合当地的标准。下面以某项目为例，进行成本分析。

装配式建筑评分表（国标）   表1

项目		指标要求	计算分值	最低分值
主体结构 （50分）	柱、支撑、承重墙、延性墙板等竖向构件	35%≤比例≤80%	20~30	20
	梁、板、楼梯、阳台、空调板等构件	70%≤比例≤80%	10~20	
围护墙和内隔墙（20分）	非承重围护墙非砌筑	比例≥80%	5	10
	围护墙与保温、隔热、装饰一体化	50%≤比例≤80%	2~5	
	内隔墙非砌筑	比例≥50%	5	
	内隔墙与管线、装修一体化	50%≤比例≤80%	2~5	
装修和设备管线（30分）	全装修	—	6	6
	干式工法的楼地面	比例≥70%	6	—
	集成厨房	70%≤比例≤90%	3~6	
	集成卫生间	70%≤比例≤90%	3~6	
	管线分离	50%≤比例≤70%	4~6	

从表1得知，装配式建筑评分主要分三项，主体结构、围护墙和内隔墙、装修和设备管线。下面以这三项作成本分析。

4.1 主体结构

（1）成本计算模型

现浇混凝土综合单价（剪力墙 / 框架剪力墙结构）　表2

现浇混凝土	单位	单价（元）	含量（m³/m²）	每平方米单价（元/m²）	每立方米单价（元/m³）	总单价（元/m³）
混凝土	m³	621.00	0.38	235.98	621.00	
钢筋	kg	5.96	50.00	298.00	784.21	2076.67
模板	m²	63.63	4.01	255.16	671.46	

某市构件综合造价（元/m³）　表3

构件名称	预制构件	
	生产	安装
梁	4750.00	875.49
楼板	3850.00	875.49
挑板	4760.00	870.60
楼梯	3670.00	887.70
内墙	4220.00	924.32
外墙	5030.00	997.57
柱	4750.00	875.49

表2为某市市场现浇混凝土的综合单价，合计2076.67元/m³，表3为某市预制混凝土构件综合单价，不同类型构件价格不同。

预制混凝土构件成本增量　　　　表4

构件名称	混凝土含量（m³/m²）	混凝土体积占比（%）	预制占比（%）	单体预制率（%）	现浇单方（元/m³）	预制单方（元/m³）	预制增加费用（元/m³）	其他变化影响成本（元/m²）	预制提高单位成本（元/m²）	提高1%预制率所需成本（元/m²）
梁	0.053	14	65	9.1	2076.7	5625.5	2306.7	0.2	123.0	13.51
楼板	0.080	21	37	7.8		4725.5	980.1	0.2	78.4	10.10
挑板	0.004	1	100	1.0		5630.6	3553.9	0.0	13.5	13.52
楼梯	0.011	3	92	2.8		4557.7	2274.3	0.1	26.0	9.45
内墙	0.072	19	70	13.3		5144.3	2147.4	0.2	155.3	11.68
外墙	0.160	42	70	29.4		6027.6	2765.6	0.6	441.9	15.03
合计	0.380	100	—	63.3	—	—	总单方造价增量（元/m²）		838.14	—

通过表4可知，每增加1%预制率，楼梯成本增量为9.45元/m²，楼板为10.1元/m²，内墙板、梁、挑板、外墙板依次增加。

（2）结构方案选择

根据表1，主体结构得分项有两项，水平构件面积比70%~80%时，得10~20分，竖向构件体积比35%~80%时，得20~30分。

预制混凝土构件总成本增量表　　　　表5

构件	预制占比	单体预制率	1%预制率成本（元/m²）	总成本增量（元/m²）	每增加1%投影面积成本增加（元/m²）
楼板	80%	12.92%	10.1	130.5	1.63
	74%	11.95%		120.7	
楼梯	94%	2.81%	9.45	26.58	10.63
梁	50%	1.95%	13.51	26.34	11.71
墙	35%	18.69%	13	242.91	—

见表5，每增加1%投影面积，成本增量楼梯为10.63元/m²，梁为11.71元/m²，楼板为1.63元/m²，故一般情况下尽量多做楼板。

当主体结构只选择做水平构件时，见图1，水平构件面积达到80%的最低要求，一般选取"楼板+楼梯"可满足要求，总成本增量157.1元/m²。

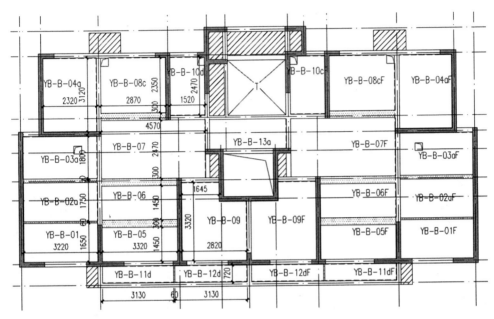

图1　水平构件平面布置

当主体结构选择"竖向+水平构件"时，竖向构件需实施"内墙+部分外墙"，水平构件实施楼板可满足要求，总成本增量363.64元/m²。如表6所列。

预制构件方案及成本选择　　　表6

项目		指标要求	计算分值	最低分值	方案一		方案二	
					得分	成本增量（元/m²）	得分	成本增量（元/m²）
主体结构（50分）	柱、支撑、承重墙、延性墙板等竖向构件	35%≤比例≤80%	20~30	20	—	—	20	242.91
	梁、板、楼梯、阳台、空调板等构件	70%≤比例≤80%	10~20		20	157.10	14	120.73

4.2 围护墙和内隔墙

（1）围护墙

预制围护墙面积占比达到80%即可满足得分5分的要求。对预制围护墙选择ALC条板（蒸压加气混凝土条板）时的成本进行分析。

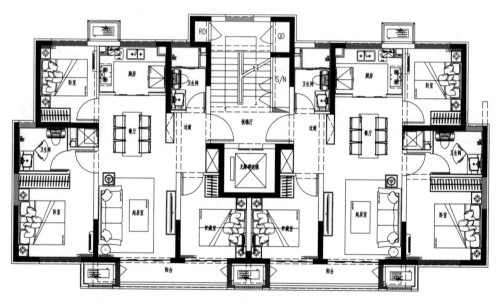

图2 围护墙平面布置（黑色为结构墙，深灰色为预制围护墙，浅灰色为砌块墙）

ALC 围护墙与砌块墙成本对比   表7

项目	隔墙总面积（m²）		砌块墙面积（m²）		ALC 面积（m²）		非砌筑占比	单层建筑面积（m²）	单价（元/m²）	单价差（与砌块比，元/m²）
	计算面积	实际面积	计算面积	实际面积	计算面积	实际面积				
砌块墙	100.8	40.68	100.8	40.68	0	0	0	191.46	28.05	—
ALC墙			19.92	14.16	80.88	26.52	80.2%		66.82	38.77

由表7可知，做ALC隔墙成本增量为38.77元/m²。

（2）内隔墙

预制内隔墙面积占比达到50%即可满足得分5分的要求。预制内隔墙可选择材料有很多，包括ALC条板（蒸压加气混凝土条板）、陶粒混凝土条板、预制混凝土（PC）隔墙等。

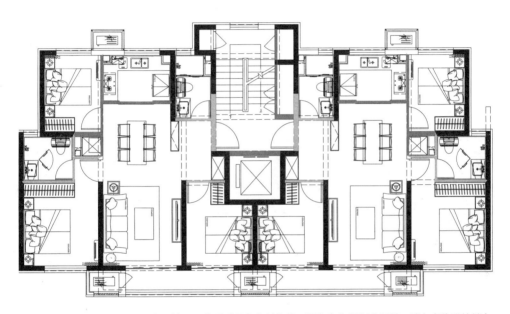

图3 内隔墙平面布置（黑色为结构墙，深灰色为预制内隔墙，浅灰色为砌块墙）

ALC/PC 隔墙与砌块墙成本对比

表8

建筑信息	数量	项目	砌块	ALC	PC
墙长（m）	44.5	材料（元/m³）	260	630	3800
实施墙长（m）	22.9	安装（元/m³）	40	69	875
比例（%）	51.46	砂浆（元/m²）	26	30	0
墙厚（m）	0.13	单价	99.8元/m²	180.9元/m²	4675元/m³
墙高（m）	2.76	建筑面积单价（元/m²）	32.95	59.72	200.63
墙面积（m²）	63.204	建筑面积总价（元/m²）	230.8	418.4	1405.6
单层建筑面积（m²）	191.46	单价差（与砌块比，元/m²）	—	26.77	167.68

由表8可知，做ALC隔墙成本增量为26.77元/m²，远低于PC内隔墙。需要注意的是，ALC隔墙后期使用过程中有开裂风险，通过合理设计和施工可以避免此问题。

4.3 装修和设备管线

全装修为必选项6分，干式工法、整体厨卫等各地要求不同，严格意义上架空做法定义为干式工法，不同地区认定方式均有所不同。

4.4 方案成本对比

装配式方案成本对比

表9

项目		指标要求	计算分值	最低分值	方案一		方案二	
					得分	成本增量（元/m²）	得分	成本增量（元/m²）
主体结构（50分）	柱、支撑、承重墙、延性墙板等竖向构件	35%≤比例≤80%	20~30	20	—	—	20	242.91
	梁、板、楼梯、阳台、空调板等构件	70%≤比例≤80%	10~20		20	157.10	14	120.73
围护墙和内隔墙（20分）	非承重围护墙非砌筑	比例≥80%	5	10	5	38.77	5	38.77
	围护墙与保温、隔热、装饰一体化	50%≤比例≤80%	2~5		—	—	—	—
	内隔墙非砌筑	比例≥50%	5		5	26.77	5	26.77
	内隔墙与管线、装修一体化	50%≤比例≤80%	2~5		—	—	—	—
装修和设备管线（30分）	全装修	—	6	6	6	—	6	—

续表

项目		指标要求	计算分值	最低分值	方案一		方案二	
					得分	成本增量（元/m²）	得分	成本增量（元/m²）
装修和设备管线（30分）	干式工法的楼地面	比例≥70%	6	—	6	24	—	—
	集成厨房	70%≤比例≤90%	3~6		4	10	—	—
	集成卫生间	70%≤比例≤90%	3~6		4	12	—	—
	管线分离	50%≤比例≤70%	4~6		—	—	—	—
合计			36		50	268.64	50	429.19

　　由表9，当采用方案二时，PC构件用量增加，建筑的成本明显增大；预制隔墙对成本影响相对较小，但用于外围护时有一定的渗漏风险；装修和设备管线各地要求不同。

　　通常情况下，方案一为最优选择。

5 专项技术分析

5.1 装配式楼板

　　按国标第4.0.5条3款，金属楼承板和屋面板、木楼盖和屋盖及其他在施工现场免支模的楼盖和屋盖的水平投影面积。

　　按装配式楼板的定义，预制叠合楼板、钢筋桁架楼承板、免拆模楼板、木楼板等可认定为装配式楼板，木楼板应用限制很多，下面就前三种楼板进行分析。

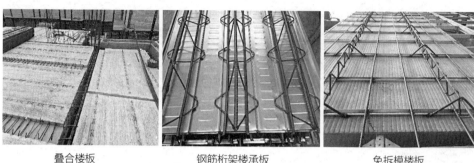

叠合楼板   钢筋桁架楼承板   免拆模楼板

图4 装配式楼板分类
（图片来源：中图由多维联合集团有限公司提供；右图由天津盛为利华新型建材技术有限公司提供）

结合三类构件的综合单价，针对100mm、120mm、140mm三种板厚情况，进行成本对比分析。

100mm 厚楼板成本对比

表 10

项目		现浇楼板	叠合楼板	钢筋桁架楼承板	免拆模体系
钢筋	含量（kg/m²）	7.89	3.94	7.89	7.89
	综合单价（元/t）	4652	4652	4652	4652
	综合成本（元/m²）	36.69	18.35	36.69	36.69
混凝土	板厚（mm）	100	70	100	100
	含量（m³/m²）	0.1	0.07	0.1	0.1
	综合单价（元/t）	501	501	501	501
	综合成本（元/m²）	50.1	35.07	50.1	50.1
模板	材料成本（元/m²）	25	198	85	160
	抹灰（元/m²）	15	0	0	0
	安装费（元/m²）	15	52.5	30	30
	综合成本（元/m²）	55.00	250.50	115.00	190.00
总成本（元/m²）		141.79	303.92	201.79	276.79
与传统现浇对比（元/m²）		—	+162.12	+60.00	+135.00
备注		—	叠合楼板130mm厚	楼承板选用HB1-70	12mm板
		材料等价格按经验取值，需根据具体项目分析			

120mm 厚楼板成本对比

表 11

项目		现浇楼板	叠合楼板	钢筋桁架楼承板	免拆模体系
钢筋	含量（kg/m²）	7.89	3.94	7.89	7.89
	综合单价（元/t）	4652	4652	4652	4652
	综合成本（元/m²）	36.69	18.35	36.69	36.69
混凝土	板厚（mm）	120	70	120	120
	含量（m³/m²）	0.12	0.07	0.12	0.12
	综合单价（元/t）	501	501	501	501
	综合成本（元/m²）	60.12	35.07	60.12	60.12
模板	材料成本（元/m²）	25	198	90	160
	抹灰（元/m²）	15	0	0	0
	安装费（元/m²）	15	52.5	30	30
	综合成本（元/m²）	55.00	250.50	120.00	190.00
总成本（元/m²）		151.81	303.92	216.81	286.81
与传统现浇对比（元/m²）		—	+152.10	+65.00	+135.00
备注		—	叠合楼板130mm厚	楼承板选用HB1-90	12mm板
		材料等价格按经验取值，需根据具体项目分析			

140mm 厚楼板成本对比

表 12

项目		现浇楼板	叠合楼板	钢筋桁架楼承板	免拆模体系
钢筋	含量（kg/m²）	12.32	6.16	12.32	12.32
	综合单价（元/t）	4652	4652	4652	4652
	综合成本（元/m²）	57.33	28.67	57.33	57.33
混凝土	板厚（mm）	140	80	140	140
	含量（m³/m²）	0.14	0.08	0.14	0.14
	综合单价（元/t）	501	501	501	501
	综合成本（元/m²）	70.14	40.08	70.14	70.14
模板	材料成本（元/m²）	25	198	130	160
	抹灰（元/m²）	15	0	0	0
	安装费（元/m²）	15	52.5	30	30
	综合成本（元/m²）	55.00	250.50	160.00	190.00
总成本（元/m²）		182.47	319.25	287.47	317.47
与传统现浇对比（元/m²）		—	+136.77	+105.00	+135.00
备注		—	叠合楼板140mm厚	楼承板选用HB1-110	12mm板
		材料等价格按经验取值，需根据具体项目分析			

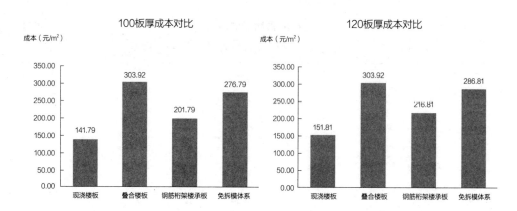

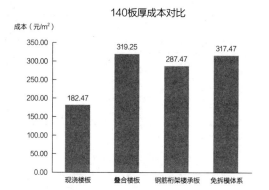

图5 装配式楼板成本对比

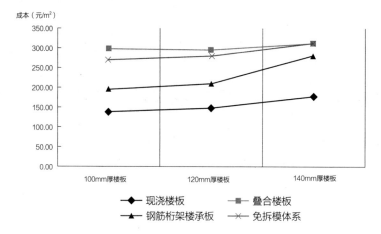

图6 装配式楼板成本随板厚变化趋势

经过比对分析成本，三类预制构件成本依次是叠合楼板>免拆模楼板>钢筋桁架楼承板，价差随着楼板的板厚增加而减小；当楼板在130mm厚以上时，价差保持稳定。

预制叠合楼板应用最为普遍，是目前市场主流的做法，工艺成熟，不过成本相对较高。

免拆模楼板受供货渠道影响较大，在河北、天津等地，相关产业链发展很成熟，有很多相关厂商，生产、设计、施工已成体系，相关政策对免拆模体系有支持，故可以考虑采用。

对于有吊顶的建筑，如商场、医院等，可采用钢筋桁架楼承板，成本最低。不过有些地区，如福州政策规定只有做钢结构时才能应用钢筋桁架楼承板，这样采用钢结构成本大大增加。

5.2 装配式模板

在全国各地自己编写的装配式评价标准中，竖向结构采用装配式模板为得分项，并且分值占比不低，如长沙、深圳、陕西、福建、山东等省、市。

装配式模板一般采用铝模、钢模、塑料模板等，其中，铝模是应用最为普遍的模板形式。下面是铝模和木模在不同层数、楼栋数情况下的成本对比。

铝模、木模成本对比　　　　　　　　　　　　　　　　　　　　　　表13

类别	主楼平均12层			主楼平均16层			主楼平均26层		
	木模	铝模	价差	木模	铝模	价差	木模	铝模	价差
周转次数	5~6	300~500		5~6	300~500		5~6	300~500	
楼层	12	12		16	16		26	26	
建筑面积（m²）	514.8	514.8		514.8	514.8		514.8	514.8	
模板展开面积（m²）	1856.0	2110.8	—	1856.0	2110.8	—	1856.0	2110.8	—
造价（元/m²）	150	1210		150	1210		150	1210	
人工（元/m²）	11.4	25		11.4	25		11.4	25	

类别	主楼平均12层			主楼平均16层			主楼平均26层		
	木模	铝模	价差	木模	铝模	价差	木模	铝模	价差
机械（元/m²）	1.5	1.5		1.5	1.5		1.5	1.5	
后期抹灰（元/m²）	25	0		25	0		25	0	
每层材料费（元/m²）	25.0	100.8	—	25.0	75.6	—	30.0	46.5	—
每平方米模板造价（元）	62.9	127.3		62.9	102.1		67.9	73.0	
折合楼面价（元/m²）	226.8	522.1	295.3	226.8	418.7	191.9	244.8	299.5	54.7
重复次数（楼栋）	2	2		2	2		2	2	
每平方米模板造价（元）	62.9	76.9	—	62.9	64.3	—	67.9	49.8	—
折合楼面价（元/m²）	226.8	315.4	88.6	226.8	263.7	36.9	244.8	204.1	-40.7
重复次数（楼栋）	3	3		3	3		3	3	
每平模板造价（元）	62.9	60.1	—	62.9	51.7	—	67.9	42.0	—
折合楼面价（元/m²）	226.8	246.5	19.7	226.8	212.0	-14.8	244.8	172.3	-72.5

通过表13分析，主楼平均12层时，3栋楼共用一套模板情况下，铝模价格略高于木模19.7元/m²；主楼平均16层时，3栋楼共用一套模板情况下，铝模价格低于木模14.8元/m²，但对项目的进度计划会有更高要求，在项目工期紧的情况下难以实现；主楼平均26层时，2栋楼共用一套模板情况下，铝模价格低于木模40.7元/m²。

6 结论

通过以上对比分析，目前阶段实施装配式的成本要高于传统建筑成本，相信随着工业化水平的提高、产业配套的不断完善、人工成本的增加，未来装配式的实施成本会接近乃至低于传统建筑成本。

3 叠合板详图设计中 机电设备预留注意事项

　　装配式建筑未实施管线分离时，机电、设备管线需要在预制构件中预留。相关专业设计人员需在预制构件深化设计之前，对管线、线盒、套管、孔洞进行精确的设计，预制构件深化设计人员以此为基础，在预制构件上进行预留预埋，以满足土建、装修的施工要求。

1 机电预留预埋

1.1 叠合板管线布置关系

　　当水平构件采用预制叠合板时，水平机电管线一般需要敷设在楼板的现浇层内，叠合楼板内的照明灯具、消防探测器等设备需要预留接线盒或穿线孔，以便与叠合楼板现浇层内的管线相连接。

　　当机电管线采用明敷在吊顶内时，叠合板上可不预留接线盒。

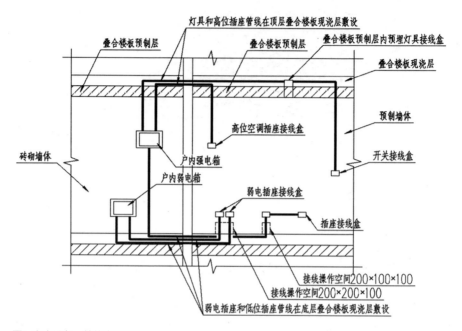

图1 户内设备、管线布置图1

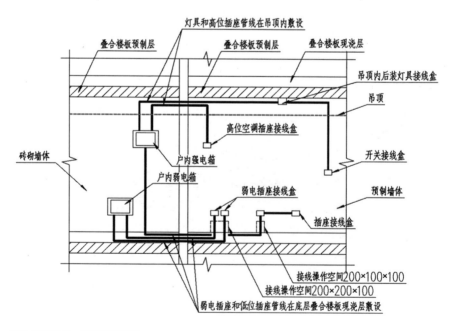

图2 户内设备、管线布置图2

1.2 吊顶范围内的电气点位预留

当位于楼板上的照明灯具等点位处于吊顶范围时，根据管线的敷设采用明敷或者暗敷，分为在构件上预留和楼板浇筑完成后后装两种形式。

当管线在吊顶范围采用明敷时，吊顶内的点位可不在预制叠合板上预留，或者在同一吊顶范围内，同一回路的点位在预制叠合板上预留一个线盒，其他点位由此线盒引线明装，但是对于不同回路的电气点位，在需要预留点位的情况下，则需再单独预留线盒。同时，吊顶内的接线盒可适当调整位置，用于避开不适合放置点位的情况。

此外，在同一吊顶内，如果存在结构梁，而梁下空间又不足以用于走管，同时又因结构或者施工条件限制，管线无法穿梁，在这种情况下，在梁两侧需布置两个线盒，用于梁两侧的点位连接。

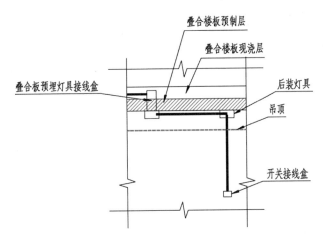

图3 吊顶范围叠合板线盒接管示意图

1.3 原顶范围内的电气点位预留

原顶范围内的电气点位，管线一般暗敷在楼板的现浇层内，此时就需要在点位位置预留线盒，而且每一个点位均需要预留；同时，如果隔墙范围没有吊顶，则此位置的高位插座和控制开关一般都需要在楼板上预留穿管孔洞。

如果原顶范围内的点位刚好位于预制叠合板边，而且精装要求点位不能移动调整，此时应通过调整现浇带位置来避免这种情况。

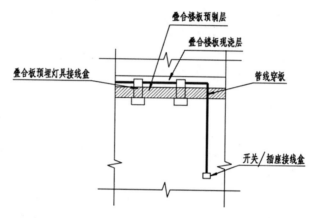

图4 原顶范围叠合板线盒接管示意图

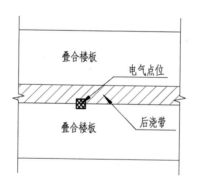

图5 板边线盒示意图

1.4 原顶和吊顶范围过渡区域的线盒预留

当一个电气回路贯穿原顶和吊顶范围时，如果吊顶内的电气点位及管线采用明敷，此时吊顶和原顶过界处需要预留一个过界盒，过界盒的材质、类型与普通线盒一致。

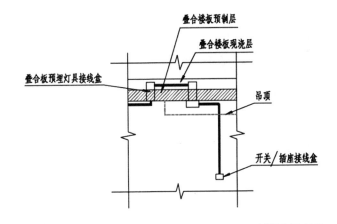

图6　叠合板吊顶-原顶过界盒示意图

2　厨卫立管预留预埋

为了减少预制构件的预留预埋，便于加工和施工安装、节约成本，卫生间、厨房的区域一般采用现浇楼板，当需采用预制叠合楼板时，相关专业设计人员需要在图纸上精确定位每一个立管位置；预制构件深化设计人员以此为基础，根据现场需求在楼板上预留圆洞、缺口或套管，楼板上涉及的设备预留预埋主要包括立管、排水管和地漏。当采用预留套管时，套管规格、定位一般由设计单位、施工单位确认提供。

2.1　设备管线采用预留洞口、缺口

预制叠合板上采用预留洞是一种比较常见的处理方式，预留洞的孔径一般比管道外径大50～100mm，洞口边一般距板边50mm，吊装完成之后，现场埋设套管，供后期安装水管。

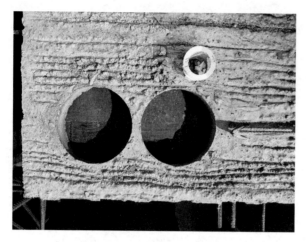

图7 预制叠合板预留洞口

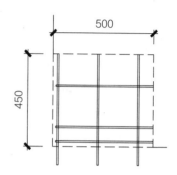

图8 预留缺口示意图

当预留洞口较大，位置贴近叠合板板边，或者是同一位置存在几个相邻的洞口时，出于对构件制作、成品保护的考虑，也可以采用预留缺口的形式，来解决现场管道安装的问题。

2.2 设备管线采用预埋套管

出于防水防渗考虑，也可要求设备套管在预制构件工厂一次成型，对于干区来说一般还是采用预留洞的形式，对于湿区来说则需要采用套管，排水管和地漏通常采用预埋止水节，止水节和套管的直径以满足现场安装管道要求为准。

为了给现场浇筑的模板留出拆卸的操作空间，套管外径距梁或者墙边通常为80～100mm，对于带翼环的钢套管来说，应把翼环的宽度和高度考虑在内，以免影响构件的生产；根据施工要求，套管需要高出建筑完成面一定高度，通常为20mm，同时需综合考虑降板高度。屋面层套管高度通常较高，因为工艺条件限制，构件工厂难以生产，这种情况可采用预留缺口，在现场安装套管。

图9　止水钢套管示意图

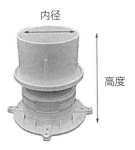

内径

高度

图10　止水节示意图

专题

4 集成厨卫要点及主流产品类型 [1]

1 集成卫生间要点分析及主流产品类型

1.1 集成卫生间的定义

《装配式建筑评价标准》GB/T 51129—2017中对集成卫生间的定义为：地面、吊顶、墙面和洁具设备及管线等通过设计集成、工厂生产，在工地主要采用干式工法装配而成的卫生间。

1.2 集成卫浴的由来

1964年东京奥运会筹备期间，日本科学家为了解决短时间内建造大量运动员宿舍的难题，发明了整体卫浴。整体卫浴是由防水底盘、顶板、壁板及支撑龙骨构成主体框架，并与各种洁具及功能配件组合而成的独立卫生间模块，卫生间所有部件由工厂工业化生产，运输到施工现场进行干法装配施工。由于日本劳动力紧缺而昂贵，这一工业化产品被迅速普及。如今，日本约90%的家庭使用整体卫浴。

---

1 本篇内容图片由苏州科逸住宅设备股份有限公司与苏州禧屋住宅科技股份有限公司提供。其中卫浴部分主要来自后者，厨房部分主要来自前者。

图1　集成卫浴

1.3　集成卫浴的组成

集成卫浴是由一体化防水底盘或浴缸和防水底盘组合、墙板、顶板构成的整体框架，配上各种功能洁具形成的独立卫生单元；具有淋浴、盆浴、洗漱、便溺四大功能或这些功能之间的任意组合；可在最小的空间内达到最佳的整体效果。

1.4　集成卫浴近年发展

近年来，集成卫浴企业集体增大产能投放。2018年以来，科逸、禧屋、惠达等企业纷纷投资建厂，扩充整体卫浴产能。在行业整体下滑的阶段，产业资本仍选择在2018年集中发力投入资本扩张整体卫浴产能，在一定程度上说明了在手订单已将现有产能充分消化，且预期下游需求将在未来2～3年内持续爆发。

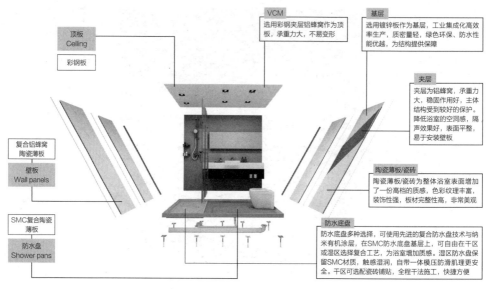

图2 集成卫浴拆分示意图

1.5 主流集成卫浴产品类型

主要分为：SMC体系、双面彩钢体系、瓷砖体系。

1.5.1 SMC体系

防水盘、壁板和顶板都拥有不同型号参数的大型钢模，将SMC片材原材料置于模具内，通过大型油压压机高温高压、一次性模压成型。对于不同规格产品，压机压力要求不同，一般有1000t、1500t和2000t。温度要求达到150℃左右，保压时间根据不同规格产品要求不同。SMC壁板的各种花色（彩色纸张）也是通过壁板模压时，高温高压一起模压而成的，而非后续二次加工附着上去，因此在卫生间潮湿环境下不用担心壁板花色脱落及防潮问题。

SMC系列（SMC Series）

SMC体系：SMC防水盘+SMC壁板+SMC顶板

彩钢系列（VCM Series）

双面彩钢体系：SMC防水盘/瓷砖防水盘+彩钢壁板+SMC顶板

瓷砖系列（Tile Series）

瓷砖体系：SMC防水盘/瓷砖防水盘+瓷砖壁板+SMC顶板

图3 集成卫浴产品类型

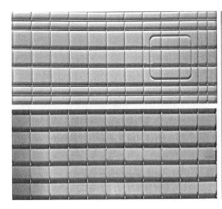

图4 SMC体系

1.5.2 双面彩钢体系

　　防水盘依然采用SMC模压防水盘，一次性模压成型，也可以选择瓷砖防水盘，从而保证了整体卫浴优越的防水性能。VCM双面彩钢板壁板夹芯有铝蜂窝和岩棉两种材质，表面可进行双面或单面覆膜，当选择双面覆膜的彩钢整体卫浴时可以不用砌户内两侧墙体，此做法适合一般性公寓项目。而且VCM双面彩钢壁板高度不受模具限制，常规尺寸都可以通过工厂加工而成，最高可做到2.4m。VCM表面的膜分PVC膜和PET膜。一般，PVC膜带纹理，例如木纹；而PET膜一般是光面的，例如仿石纹。

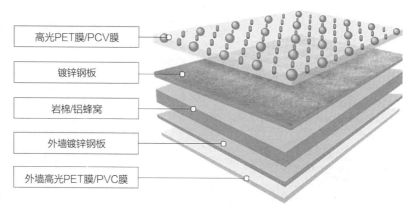

高光PET膜/PCV膜

镀锌钢板

岩棉/铝蜂窝

外墙镀锌钢板

外墙高光PET膜/PVC膜

图5 双面彩钢板

图6 双面彩钢体系

1.5.3 瓷砖体系

防水盘可采用SMC模压防水盘，一次性模压成型，也可以选择瓷砖防水盘。瓷砖防水盘可采用FRP玻璃钢一次成型，也可以采用SMC防水盘基材复合瓷砖工艺。瓷砖壁板面层为瓷砖或陶瓷大板，基材结合结构加强钢件，采用PU发泡一体成型，工厂加工而成，最高可做到2.4m，效果好、档次高，与传统瓷砖无差异，同时还实现了干法施工。顶板采用SMC材质，充分利用SMC材料轻便、强度大、防水等优质性能。

图7 瓷砖体系

1.6 各体系产品特点分析

各体系产品特点 表1

序号	类别	SMC 产品	双面彩钢产品	瓷砖产品
1	色彩呈现度	高温高压成型，色彩饱和度没有彩钢好	色彩饱和度较好	色彩饱和度较好，与传统瓷砖、陶瓷大板无差异
2	回响	相对彩钢敲击回响声音稍大	敲击回响声相对较小	敲击回响声相对较小
3	质感	SMC对皮纹表现力较好，质感上略逊于彩钢	彩钢产品的PET膜表现力较好，整体质感档次较高	瓷砖产品质感较高
4	耐冲击	强度大，耐冲击性能好	相对SMC耐冲击稍弱	相对SMC耐冲击稍弱
5	耐划伤	硬度大，抗硬物划伤	彩钢板相对容易划伤凹瘪	硬度大，抗硬物划伤
6	安装、运输及成品保护	安装、运输和成品保护环节相对简单，重量轻且不容易损坏	表面易损坏，搬运安装和成品保护要求高，对工地现场环境管理要求高	表面易损坏且重量大，包装、搬运、安装和成品保护要求高，对工地现场环境管理要求高
7	成本	相对彩钢、瓷砖体系产品，SMC产品成本有优势，接近传统做法或者稍微偏低	相对SMC成本会增加15%～25%左右，如果采用双面彩钢双面覆膜，取代原土建隔墙，等于节约了土建隔墙成本，综合评价成本更有优势	相对SMC成本会增加25%～35%
8	适用项目	一般适用于公寓宿舍、医院、经济型酒店、刚需住宅	适用于高档公寓、精品酒店、刚需住宅、改善住宅	适用于高档公寓、精品酒店、刚需住宅、改善住宅

1.7 执行的主要标准

集成卫浴的设计、加工、施工执行最新国家及行业标准、国家和地方行政主管部门的有关规定。执行标准包括：

《建筑工程施工质量验收统一标准》GB 50300

《建筑装饰装修工程质量验收标准》GB50210

《建筑设计防火规范》GB 50016

《建筑内部装修设计防火规范》GB 50222

《民用建筑工程室内环境污染控制标准》GB 50325

《住宅整体卫浴间》JG/T 183

《整体浴室》GB/T13095

《通用型片状模塑料（SMC）》GB/T 15568

《玻璃纤维增强塑料浴缸》JC/T 779

《住宅浴缸和淋浴底盘用浇铸丙烯酸板材》JC/T 858

1.8 检测标准

检测标准

表2

序号	检测项	检测对象	合格标准
1	外观	防水盘、壁板、顶板	正面不允许有油污、裂纹、缺损、小孔、气泡、毛刺等缺陷
2	厚度	防水盘、壁板、顶板	底盘≥4mm、壁板≥2.5mm、顶板≥2.5mm
3	弯曲强度	防水盘、墙板、顶盖	≥120MPa
4	拉伸强度	防水盘、墙板、顶盖	≥40MPa
5	挠度	防水盘、墙板、顶盖	最大挠度应小于3mm、小于7mm、小于7mm
6	耐热水	防水盘、墙板、顶盖	没有开裂、鼓起
7	耐酸性	防水盘	3%浓度，表面不出现裂痕、膨胀，巴氏硬度要在30以上
		墙板、顶盖	表面不出现裂痕、膨胀，巴氏硬度要在30以上

续表

序号	检测项	检测对象	合格标准
8	耐碱	防水盘	5%浓度，表面不出现裂痕、膨胀，巴氏硬度要在30以上
		墙板、顶盖	表面不出现裂痕、膨胀，巴氏硬度要在30以上
9	耐洗涤	防水盘、墙板、顶盖	24h后的色差ΔE≤3
10	耐污染	防水盘、墙板、顶盖	色差ΔE≤3.5
11	耐砂袋冲击	防水盘	表面无裂纹、剥落、破损等异常现象
		墙板	
12	耐腐蚀	镀层配件	9级以上
13	耐落球冲击	防水盘	无裂纹、无剥落、无破损
14	耐湿热	整体	无裂纹、无气泡、无剥落、没有明显变色
15	连接部位密封性	整体	无渗漏
16	防霉	防水盘	2级及以上
17	防滑	防水盘	B级及以上
18	空气质量	整体	甲醛≤0.10mg/m³，苯≤0.11mg/m³，甲苯≤0.20mg/m³，二甲苯≤0.20mg/m³，TVOC≤0.60mg/m³

1.9 集成卫浴技术指标对比

集成卫浴技术指标对比　　　　表3

序号	检测项	检测对象	检测方法	使用仪器	国家标准 GB/T 13095—2008	日本标准 JISA 4416—2005
1	外观	防水盘、壁板、顶板	自然光下，600mm距离肉眼观察	无	正面不允许有油污、裂纹、缺损、小孔、气泡、毛刺等缺陷	正面不允许有油污、裂纹、缺损、小孔、气泡、毛刺等缺陷
2	厚度	防水盘、壁板、顶板	产品开孔φ50mm，用千分尺准确读数后，取平均值	电钻、千分尺	无	无

序号	检测项	检测对象	检测方法	使用仪器	国家标准 GB/T 13095—2008	日本标准 JISA 4416—2005
3	色相	防水盘、壁板、顶板	没有纹理的时候，测量与标准板的色差	色差计	无	无
4	弯曲强度	防水盘、壁板、顶板	样块开好后用万能试验机测试，把样块的厚度、宽度用游标卡尺测量出；利用万能试验机进行测试并读数，标距=厚度×16	游标卡尺、万能试验机、精雕机	无	≥69MPa
5	拉伸强度	防水盘、壁板、顶板	样块开好后用万能试验机测试，把样块的厚度、宽度用游标卡尺测量出；利用万能试验机进行测试并读数，标距=50mm（固定值）	游标卡尺、万能试验机、精雕机	无	无
6	挠度	防水盘	在整体浴室防水盘背面的中央设置百分表，在防水盘正面相应部位放置橡胶板；然后在橡胶板上加放质量为100kg的砝码（如有浴缸，加水至80%），1h后测量防水盘的中央挠度	10kg砝码10个、橡胶板、百分表	最大挠度应小于3mm	最大挠度应小于5mm
		壁板	在整体浴室壁板背面的中央设置百分表，在壁板正面相应部位放置橡胶板；然后在橡胶板上用压力弹簧秤施加100N的水平荷载，1h后测量壁板的中央挠度	橡胶板、百分表、压力弹簧秤	最大挠度应小于7mm	最大挠度应小于7mm
		顶板	在整体浴室顶板背面的中央设置百分表，在顶板正面相应部位放置橡胶板；然后在橡胶板上加放质量为4kg的砝码，1h后测量顶板的中央挠度	4kg砝码、橡胶板、百分表	最大挠度应小于7mm	最大挠度应小于10mm
7	耐热水	防水盘、壁板、顶板	50mm×50mm，或者φ30mm以上的试验片用80±5℃的温水泡24h后观测变化	水浴锅	没有开裂、鼓起	没有开裂、鼓起

续表

序号	检测项	检测对象	检测方法	使用仪器	国家标准 GB/T 13095—2008	日本标准 JISA 4416—2005
8	耐酸性	防水盘	在内径30mm、厚度2mm、高度30mm的圆筒状玻璃环底部涂凡士林，并粘结到试验片上，内侧滴下5%HCl（质量分数）约1ml，过1h后观测外观变化并测量巴氏硬度。试验在常温（20~25℃）下进行。玻璃环要充分涂上凡士林，为了不让粉尘等垃圾进去，上部用盖子盖上	色差仪、巴氏硬度计	3%浓度，表面不出现裂痕、膨胀，巴氏硬度要在30以上	3%浓度，表面不出现裂痕、膨胀，巴氏硬度要在30以上
		壁板、顶板	在内径30mm、厚度2mm、高度30mm的圆筒状玻璃环底部涂凡士林，并粘结到试验片上，内侧滴下3%HCl（质量分数）约1ml，过1h后观测外观变化并测量巴氏硬度。试验在常温（20~25℃）下进行。玻璃环要充分涂上凡士林，为了不让粉尘等垃圾进去，上部用盖子盖上		表面不出现裂痕、膨胀，巴氏硬度在30以上	表面不出现裂痕、膨胀，巴氏硬度要在30以上
9	耐碱	防水盘	在内径30mm、厚度2mm、高度30mm的圆筒状玻璃环底部涂凡士林，并粘结到试验片上，内侧滴下10%NaOH（质量分数）约1ml，过1h后观测外观变化并测量巴氏硬度。试验在常温（20~25℃）下进行。玻璃环要充分涂上凡士林，为了不让粉尘等垃圾进去，上部用盖子盖上	色差仪、巴氏硬度计	5%浓度，表面不出现裂痕、膨胀，巴氏硬度要在30以上	5%浓度，表面不出现裂痕、膨胀，巴氏硬度要在30以上

续表

序号	检测项	检测对象	检测方法	使用仪器	国家标准 GB/T 13095—2008	日本标准 JISA 4416—2005
9	耐碱	壁板、顶板	在内径30mm、厚度2mm、高度30mm的圆筒状玻璃环底部涂凡士林，并粘结到试验片上，内侧滴下5% NaOH（质量分数）约1ml，过1h后观测外观变化并测量巴氏硬度。试验在常温（20~25℃）下进行。玻璃环要充分涂上凡士林，为了不让粉尘等垃圾进去，上部用盖子盖上	色差仪、巴氏硬度计	表面不出现裂痕、膨胀，巴氏硬度要在30以上	表面不出现裂痕、膨胀，巴氏硬度要在30以上
10	耐溶剂	防水盘、壁板、顶板	用布蘸上洗净用稀释剂、乙醇、丙酮等，来回搓20次	无	无	无
11	耐洗涤	防水盘、壁板、顶板	50mm×50mm的试验片泡在清洗浴缸的中性洗剂液里（温度为75℃），过1h、24h、50h、100h后观察外观的变化	色差计	无	无异常
12	耐污染	防水盘、壁板、顶板	（1）用布蘸上5%的化妆肥皂水，来回搓20次，之后洗净，晒干，用色计测量Y值为Y_0。（2）白色凡士林和黑色染料按照9:1的重量比混合后，用布蘸上1g涂到试验片上，过30min后用干净布擦掉脏物，之后进行（1）的操作，测定的Y值为Y_1。（3）污染回复率Y为用下列公式来计算	白度计、色差计	色差$\triangle E \leqslant 3.5$	无明显痕迹

续表

序号	检测项	检测对象	检测方法	使用仪器	国家标准 GB/T 13095—2008	日本标准 JISA 4416—2005
13	耐砂袋冲击	防水盘	在防水盘中央的上方1000±10mm，用质量为7±0.5kg石纹砂袋（由帆布和半个篮球制作，里面装有干砂，上部扎牢）半球部朝下自由落下，反复5次	砂袋	表面无裂纹、剥落、破损等异常现象	表面无裂纹、剥落、破损等异常现象
		壁板	用绳索吊挂砂袋（15kg），砂袋重心至吊点距离为1000±10mm。把砂袋侧移，使绳索倾斜至30°角后，对壁板中央内表面中央点进行自由冲击，反复5次			
14	耐磨损	防水盘	采用P180粒度的纱布，将粘好纱布的研磨轮安装在支架上，施加4.9±0.2N外力进行磨耗，每500圈更换纱布，记录在三个象限出现破损面积均≥0.6mm^{2}时的转速数值	耐磨仪、纱布	耐磨系数≥5000转或磨耗量≤20mg/100r	无
15	玻璃纤维	防水盘、壁板、顶板	《通用型片状模塑料SMC》GB/T 15568—2008附录A SMC纤维含量试验方法	箱式电阻炉、电子秤（天平）	参照《通用型片状模塑料（SMC）》GB/T 15568—2008中5.2规定玻璃纤维含量允许偏差±3%	无
16	树脂	防水盘、壁板、顶板	称量试样重量m_0；利用箱式电阻炉将试样在600±5℃内灼烧3h。取出放有试样的坩埚，放入干燥器中冷却至室温并称量m_1。灼烧后减量（m_0-m_1）可作为树脂的估计重量	箱式电阻炉、电子秤	无	无

1.10 整体卫浴验收标准

系统卫浴安装规范及验收标准

表4

序号	检查分项名称	安装工艺分项标准
1	底盘	横排底盘摆放方正水平标准≤5mm； 横排地脚螺栓必须完全着地受力并锁紧螺母； 底盘成品保护覆盖面95％到位，排水顺畅、无划伤； 底盘四周缝隙均匀，墙板向浴室内凸出尺寸≤5mm； 直排底盘摆放方正水平标准≤5mm，无空响，地面不平整需用水泥砂浆垫平，确保无空响； 横排管系按横排管系图配置，用塑料管卡固定在底盘加强筋上
2	墙板／型材	上下平齐、表面平整、缝隙均匀，墙板拼接缝隙≤3mm，墙角处无开裂现象； 墙板组合按图纸编号对应，安装正确，墙板拼接正面高低落差≤5mm； 彩色墙板饰纸无开裂，墙板边缺装饰纸，缺口长度≤5mm，宽度≤2mm； U型材/墙角型材连接件安装水平垂直，螺栓无漏装，U形连接件上下端安装正确； 墙板表面无污渍、无破损、无孔眼； 墙板按型号图纸顺序拼接； 墙板修补表面需平整、光滑，无明显色差
3	顶板	顶板固定后内空尺寸与底盘内空尺寸一致，四周缝隙均匀，缝隙≤5mm； 顶板安装固定位置按图纸型号对应位置安装
4	压条	顶板与墙板的压条、墙板与底盘高低落差≤3mm； 压条与墙板吸附表面平整牢固，无污渍、无瑕疵； 压条缝隙不得有打玻璃胶及拼接现象
5	卫浴门	门框安装垂直度误差≤5mm，门与门锁开合正常，无异响； 四周缝隙均匀，安装锁侧间隙在5mm，门框装饰帽固定到位； 型材和门板表面无划伤、无污渍； 门限位器必须确保在加墙板及金属型材上牢固稳定，不得有松动歪斜等现象
6	门锁	锁具安装要求把手开关自如，无呆滞现象； 锁具导向片与锁扣安装水平间隙吻合≤5mm； 锁面板螺钉安装牢固可靠，无松动形象
7	浴缸	表面无损伤，底脚安装平稳； 安装水平度误差≤5mm，周边缝隙均匀，打胶粘贴美纹纸及压条工艺符合规范； 排水系统无渗漏
8	洗面台	表面无污迹，无损伤，安装台面高度与图纸尺寸相符，安装水平度误差≤5mm； 面盆与面盆支架保证固定到位，附件安装齐全

续表

序号	检查分项名称	安装工艺分项标准
9	洗面盆	卡件固定牢固可靠，无漏装螺钉现象； 四周玻璃胶线条粗细均匀，粘贴美纹纸进行打胶； 洗面盆排水组件安装工艺规范正确，无渗漏、无堵塞，排水口对齐
10	洁具龙头	出水、开关、切换正常，无松动、无渗漏； 左热右冷，左红右蓝，标志朝洗面盆方向且与水嘴中心对称； 表面无划伤
11	防水插座	正确连接对应位置，零线（N）、火线（L）、地线接线（⏚），电线中部无接头； 按图纸尺寸位置安装插座防水垫安装到位，面板垂直偏差≤3mm，牢固无松动
12	给水系统	按图纸尺寸开孔预留洁具的进水口PPR加长外螺，尺寸偏差≤5mm； 各给水系统接头连接正确，左热右冷，无漏点； 管线走向需横平竖直且进水顺畅，并采用管卡固定，管卡间距≤600mm
13	排水系统	各排水系统接口承插到位，密封严实，横排管系连接固定路由正确； 布局参照图纸，尺寸合理，保证坡度，确保排水通畅，无漏点、不堵塞，（横排式）干区小地漏必须接入带除臭功能的大地漏，（直排式）干区小地漏必须加接存水弯； 横排式底盘管系连接加固后需每个进行闭水试验，无渗漏后再调整水平，进行定位安装
14	电气系统	灯线、排风扇、插座等线路加套管引至卫浴靠近顶部检修口处底盒内或甲方预留的接线盒内进行对接； 各电源线路接线接头与接头绕线需绕到5～6圈，每圈绕结实后，先用防水胶布包好，穿PVC套管且PVC套管固定牢固，波纹软管穿线长度应在1500mm以内； 参照电工基本规范操作作业
15	五金件	五金件按图纸尺寸安装水平≤5mm； 五金件螺钉用不锈钢固定，无滑伤、无松动； 五金件螺钉按图纸尺寸需固定在预埋的加强板上； 五金件按图纸型号配置安装到位
16	验收清洗及其他事项	浴室每块墙板必须无污渍、无笔迹、无划痕，必须干净整洁； 底盘清洗干净，无污渍，无胶带纸之类的杂物，必须干净整洁； 顶盖、门清洗干净，无污渍； 面盆、坐便器清洗干净，无污渍、无杂物，胶带等必须清理干净； 浴室内每个部件擦洗干净； 安装图纸施工负责人及员工需随身携带及保管完好； 安装队人员在项目现场安装期间必须统一穿着卫浴厂家工作服上岗

2 集成厨房要点分析及主流产品类型

2.1 集成厨房的定义

《装配式建筑评价标准》GB/T 51129—2017中对集成厨房的定义为：地面、吊顶、墙面、厨房设备及管线等通过设计集成、工厂生产，在工地主要采用干式工法装配而成的厨房。

2.2 集成厨房的组成

集成厨房包括：架空地面、架空墙面、SMC双层扣板吊顶、SMC橱柜。

图8 集成厨房

2.3 主要技术细节介绍

（1）架空地面

正面可调支脚，配备26mm厚度钢筋水泥板，最后用聚氨酯专用胶粘贴软性石材装饰层。

图9　架空地面

（2）架空墙面

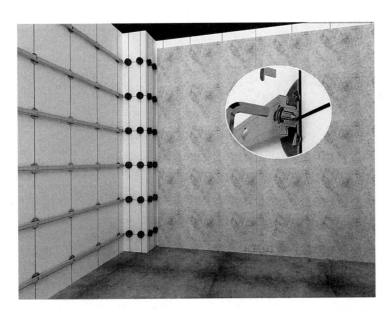

图10　架空墙面

（3）吊顶

图11 架空吊顶

图12 吊顶效果

（4）柜体柜门

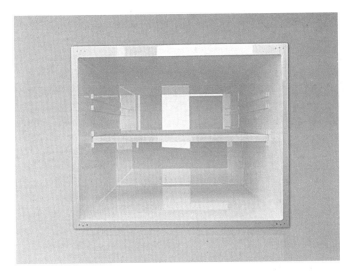

图13 柜体示意

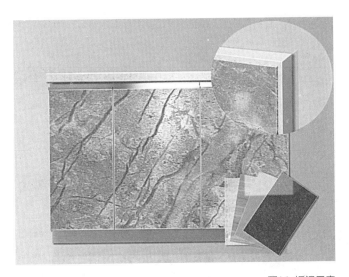

图14 柜门示意

（5）实景样板间

图15 集成厨房实景

2.4 可实现的主要效果

图16 集成厨房效果图1

图17 集成厨房效果图2

图18 集成厨房效果图3

专题

5 干式地面主流产品类型

1 何为干式地面

干式地面即采用干式工法作业施工建造的地面。

干式工法地面的特点是现场施工无湿作业，通过架空设计实现管线与主体结构的分离，同时架空地面有良好的隔声性能。

2 为何采用干法地面

装配式建筑按组成部分可以分为结构和内装；按系统可分为结构系统、外围护系统、内装系统、设备与管线系统四个部分。其中，装配式干式工法楼面属于内装系统的装配式楼地面。装配式楼地面通过采用架空、干铺或其他干式工法实现，而架空地板是较为常见的实现形式。

《装配式混凝土建筑技术标准》GB/T 51231—2016第8章内装系统设计8.1.2条规定，装配式混凝土建筑的内装设计应满足内装部品的连接、检修更换和设备及管线使用年限的要求，宜采用管线分离；8.2.6条规定，楼地面系统宜选用集成化部品系统。架空地板系统的设置主要是为了实现管线分离。

《装配式建筑评价标准》GB/T 51129—2017表4.0.1"装配式建筑评分表"评分项装修和设备管线中规定，干式工法地面楼面应用比例不小于70%时可得6分。北京市装配式建筑地方标准装配率评分表中，公共区域装配化装修干式工法地面、卫生间干式工法地面、厨房干式工法地面按相应的应用比例得相对应评价分数。

故干式地面为装配式建筑评价中一项重要内容。

3 架空地板与干式地暖

3.1 架空地板

架空地板是指将地板架空，不与结构楼板接触，形成架空层。架空层一般通过在楼板上铺设支撑脚，再在支撑脚上敷设衬板和地板面层实现。架空地板具有工厂化生产程度高、施工速度快、检修方便等优点，但架空层会占用一部分楼层净高。

架空地板架空层高度需要考虑管线敷设的高度要求。对可能摆放家具家电等集中荷载之处，需要加密铺设支撑脚。地板之间须留不小于5mm的缝隙，可方便安装后调节板高，也可防止因热胀冷缩引起的地板变形和起鼓。

架空地板的优势：

（1）地板下架空层内可敷设设备管线，易实现管线与主体结构分离。如架空地板与干式地暖协同实现管线分离。

（2）架空地板可完全实现干式工法楼面、地面。

（3）通过设置地面检修口，可对架空层内管线进行检修和更换。

（4）地板架空层利于隔声。

（5）架空地板可防止产生静电。

图1 架空地板
（图片来源：http://bjcytjf.com/?c=index&a=show&id=56）

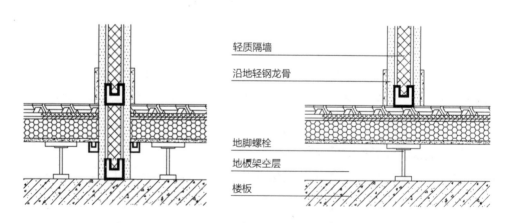

轻质隔墙

沿地轻钢龙骨

地脚螺栓
地板架空层
楼板

图2 一般架空地板示意图　　　　图3 SI住宅体系地面优先施工示意图

（图片来源：中华人民共和国住房和城乡建设部.装配式混凝土住宅建筑设计示例（剪力墙结构）15J939-1
［S］.北京：中国计划出版社，2015：33）

3.2 干式地暖

干式地暖，是指安装地暖盘管或者发热电缆后，不需回填混凝土的地暖系统。

干式地暖系统按照铺装形式分为直铺型干式地暖和架空型干式地暖。架空型干式地暖系统是将基层板架空于楼板结构层上，在基层板上部安装地暖系统及地板面层，在基层板下部架空层敷设水电管线。全系统可实现干法施工。

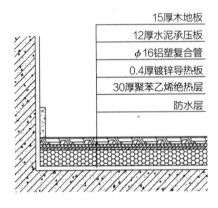

图4 干式地暖示意图（直铺）

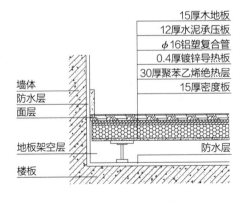

图5 干式地暖示意图（架空）

（图片来源：中华人民共和国住房和城乡建设部.装配式混凝土住宅建筑设计示例（剪力墙结构）15J939-1［S］.北京：中国计划出版社，2015：33）

干式地暖按热源介质分为干式水地暖和干式电地暖；按照表面导热材料分为金属导热型和非金属导热型；按照保温层材料分为沟槽保温板型和塑料模板型；按照表面饰材分为地板型和地砖型，按地板固定形式分为免地楞型和地板木楞骨型。

3.3 干式地面产品实例

（1）直铺型干式地面地暖

高强度干式地暖板由高强度XPS挤塑板和附着其表面的均热层（厚度不小于0.2mm压花铝板）组成。干式地暖板在工厂预制生产，现场拼装，表面带有固定间距的沟槽，用于敷设供热管。

高强度干式地暖系统是将供热管敷设在干式地暖板的沟槽中，不需要填充混凝土即可直接铺设面层的地面辐射供暖形式。

（2）架空型干式楼地面地暖系统

架空型干式楼地面地暖系统通过多点支脚支撑将基层板架空于楼板结构层，在基层板上侧放置干式地暖板，安装地暖水系统及可走水电管路，并与地暖水管分层设置、互不影响。

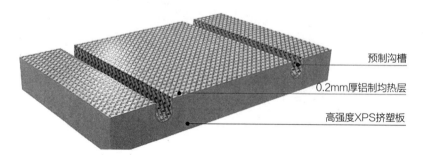

图6 高强度干式地暖板基层
（图片来源：http://www.fudatec.com/pd.jsp?id=21#_jcp=2&_pp=136_0）

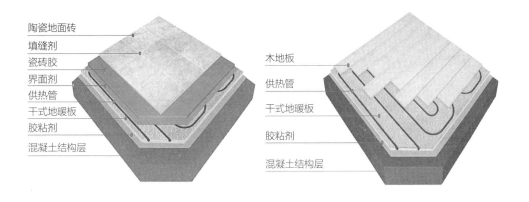

陶瓷地面砖
填缝剂
瓷砖胶
界面剂
供热管
干式地暖板
胶粘剂
混凝土结构层

木地板
供热管
干式地暖板
胶粘剂
混凝土结构层

面铺地砖系统

面铺木地板系统

图7 高强度干式地暖板系统

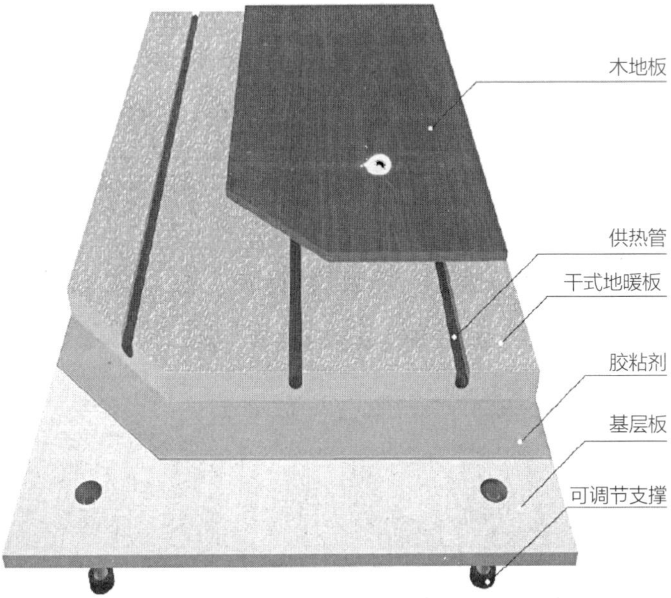

木地板

供热管
干式地暖板

胶粘剂

基层板

可调节支撑

图8 架空型干式楼地面地暖系统（图片来源：广州孚达保温隔热材料有限公司）

专题

6 建筑工程 BIM 应用介绍

数字化推广很重要的载体是BIM的应用，BIM不只是一系列软件，也不是建筑模型，而是一个生态。在这个生态下，实现建筑从规划、设计、施工、运维、营销等方面全生命周期管理。如何应用好BIM，是建筑科技企业未来发展的关键。

1 BIM的定义

建筑信息模型（Building Information Modeling，简称BIM），是创建并利用数字化模型和信息化手段，在建设工程项目的开发建设、勘察设计、施工建造、建材使用、工程监理、造价咨询、软件研发、物业管理和运行维护等全过程，实现建筑全生命期各参与方在同一多维建筑信息模型基础上的数据共享，对项目进行优化、协同与管理的技术和方法。从社会价值的方向去看，BIM是提高建筑（全生命周期内）社会运转效率或效益的一种技术和管理工具。

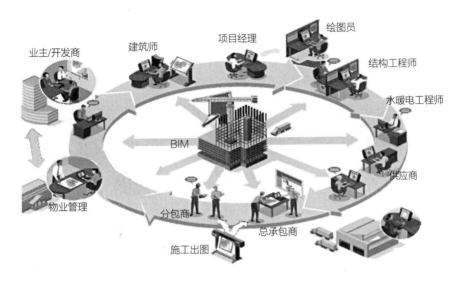

图1　BIM全生命周期应用

2　BIM在国内外的发展现状

　　BIM的概念最早在20世纪70年代就已经提出，但直到2002年美国的Autodesk公司发表了一本BIM白皮书之后，其他一些相关的软件公司也加入，才使得BIM逐渐被大家了解。多个国家和地区都大力推广BIM技术。

　　直到2005年，Autodesk进入中国，为了推广它的软件在国内宣传BIM，BIM的概念才逐步在大陆被认知。2007年，建设部发布行业产品标准《建筑对象数字化定义》JG/T 198—2007。2008年，上海的标志建筑上海中心决定在该项目采纳BIM技术，BIM技术在国内发展开始加速。2011年，中国出现第一个BIM研究中心（华中科技大学）。2012年，政府部门逐步开始接触并推广BIM。以下为近年来政府颁布的BIM相关政策文件：

　　2015年，住房城乡建设部下发《关于推进建筑信息模型应用的指导意见》，要求2020年末实现BIM与企业管理系统和其他信息技术的一体化集成应用、新立项项目集成应用BIM的项目比率达90%。

2016年，住房城乡建设部下发《2016—2020年建筑业信息化发展纲要》，BIM成为"十三五"建筑业重点推广的五大信息技术之首。

2017年，住房城乡建设部下发《建筑业10项新技术（2017版）》，将BIM列为信息技术之首。

2017年，《国务院办公厅关于促进建筑业持续健康发展的意见》提到加快推进建筑信息模型（BIM）技术在规划、勘察、设计、施工和运营维护全过程的集成应用。

2019年，住房城乡建设部发布行业标准《建筑工程设计信息模型制图标准》JGJ/T 448—2018、《建筑信息模型设计交付标准》GB/T 51301—2018。

国家层面相关政策陆续发布后，各省市的BIM发展速度明显加快，2017年以后，陆续颁布了BIM相关政策要求。

北京市要求单体建筑面积2万m^2以上的建筑工程、申报绿建三星的建筑工程、2万m^2以上的超低能耗工程实行BIM设计；上海市要求投资额1亿元以上或单体建筑面积2万m^2以上的公建，申报绿建、市级和国家级优秀勘察设计、施工等奖项的工程采用BIM设计；江苏省要求国资为主的新建公建、市政工程应用BIM的比率达到90%；福建省要求筛选投资1亿元或单体建筑面积2万m^2以上项目进行应用示范；广东省要求全省建筑面积2万m^2及以上的建筑工程项目采用BIM设计；湖南省要求全省新建房建施工图全部实行BIM审查（内容变化以最新发布的政策为准）。

3 BIM在地产开发中的应用

目前BIM应用正形成以施工应用为核心，向设计和运维阶段辐射的局面。也就是说，现在BIM在施工领域的应用是最多的。

对于企业开展过的BIM技术应用，各类BIM应用分布相对比较均衡，其中开展最多的三项BIM应用是基于BIM的碰撞检查（占66.71%）、基于BIM的专项施工方案模拟（占56.91%）和基于BIM的机电深化设计（占56.91%），基于BIM

的预制加工（占22.47%）和基于BIM的结算（占11.29%）略低于其他应用。

关于BIM技术应用的项目情况，主要集中在甲方要求使用BIM的项目、建筑物结构非常复杂的项目和有评奖或认证需求的项目，占比均超过了四成，分别占45.95%、42.86%、41.59%，其次是需要提升企业管理能力的项目和需要提升公司品牌影响力的项目，分别占比为37.79%和37.56%。[1]

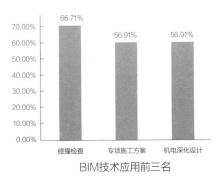

BIM技术应用前三名

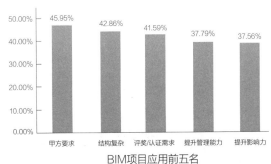

BIM项目应用前五名

图2 BIM应用情况

在"互联网+"的概念被正式提出之后迅速发酵，各行各业纷纷尝试借助互联网思维推动行业发展，建筑施工行业也不例外。随着BIM应用逐步走向深入，单纯应用BIM的项目越来越少，更多的是将BIM与其他先进技术集成或与应用系统集成，以期发挥更大的综合价值。

目前房地产企业中BIM做得比较好的有万达、龙湖、碧桂园、旭辉、金地等，其中万达运用BIM技术较早，从2011年开始逐步在设计、施工和其他领域方面应用BIM，并取得一定成效。

万达BIM模式发展主要经历三个阶段：2011年开始"计划模块信息化管理"，把项目开发分为12个模块，奠定信息化管理基础；2014年推行"总包交钥匙管理模式"，开启总包管理模式；2017年开始，开启"BIM总发包管理模式"，通过"BIM信息化＋总包"，全面实现信息化管理。

---

1 数据来源：https://www.zhihu.com/question/424664309/answer/1531781615。

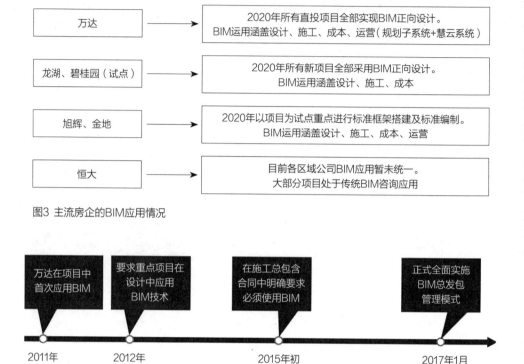

图3 主流房企的BIM应用情况

图4 万达BIM应用历程

4 金茂建筑科技的BIM应用

中国金茂全国各个城市公司2021年进行了多项BIM相关课题研究，涵盖了BIM各阶段应用的研究，如BIM正向设计、BIM车位营销、BIM运维、智能精装平台等，对于中国金茂是个可喜的开始。

金茂建筑科技正在打造J·MAKER大数据智慧化管理平台，通过BIM的应用，建立五大智慧体系、七大应用模块、九大应用场景，打通设计、生产、施工、运维阶段数据，实现一体化。

公司成立以来，在全图各个装配式建筑项目上应用BIM技术，通过三维可视化设计，解决预制构件之间钢筋碰撞问题、机电在预制构件上预留点位问题；通

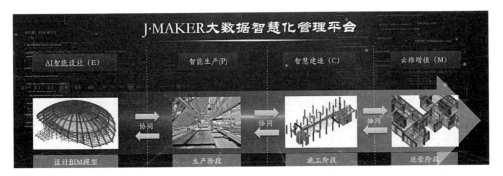

图5 J·MAKER大数据智慧化管理平台

过三维预拼装，在设计阶段就能避免冲突或安装不上的问题，模拟施工，确定施工安装顺序。

在福州某项目中，实现了装配式BIM正向设计，其中，建筑及结构模型达到LOD300深度，水电及装配式建筑部分（PC构件和ALC条板）达到了LOD400深度；PC构件所有预留点位（止水节、线盒、套管等）都一一呈现，避免后期二次开凿风险。

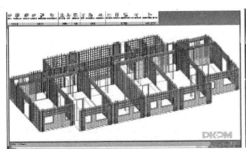

预制构件设计模型

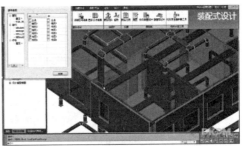

设备管线设计

图6 装配式BIM三维可视化设计

在深圳某项目中，通过BIM进行辅助设计及视频展示，对后期装配式构件生产、运输及现场施工带来大力帮助；济南某项目为商业金融用地，建筑相对复杂，通过在装配式设计中应用BIM，解决了装配式构件优化布置、机电点位避让等问题。

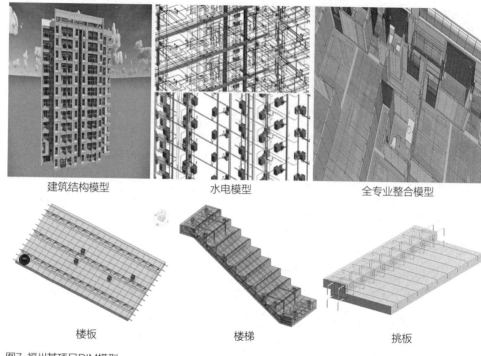

建筑结构模型   水电模型   全专业整合模型

楼板   楼梯   挑板

图7 福州某项目BIM模型

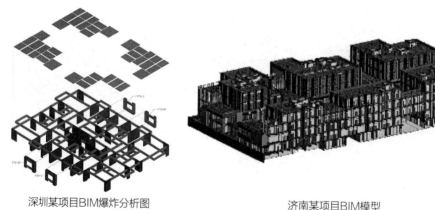

深圳某项目BIM爆炸分析图   济南某项目BIM模型

图8 项目BIM模型

专题 7 管线分离专篇

1 背景

据官方数据统计，我国现有住宅的平均寿命约为30年，每年产生数以亿计的建筑垃圾，由此所带来的环境负荷已经成为普遍的社会问题。管线分离式住宅的优点是把使用寿命差异较大的两个部分分开——钢筋混凝土结构的耐久性强，通过适当的设计、施工和少量维护就能实现长期的安全使用，在适应普遍性居住要求的前提下固定体系使用寿命可以达到50年甚至100年；而可变部分的主要设计意图在于满足住户不断变化的居住需求和设备更新要求，这部分建筑产品的寿命不一定很长，但是它可以再生与循环利用，以此减少资源材料的投入与废弃，这对于构筑循环型社会至关重要。

国家"十三五"规划已明确将大力发展新型建筑工业化、发展装配式建筑上升为推动社会经济发展的国家战略。装配式建筑是预制构件部品部件在工地装配而成的建筑。按照工业产品系统集成要求，装配式建筑由装配式主体结构系统、装配式围护墙和内隔墙系统、装配式装修和设备管线系统组成。其中，装配式装修和设备管线系统对于提升建筑质量、提高用户的舒适度起着关键性的作用，在未来的装配式建筑市场中占有重要地位。

1.1 分离体系概念

传统的住宅，从设计、施工管理直到交付使用都是统一建造一次性完成的成品。换言之，住房的空间布局、设备系统、内部装修都是静止不变的实体，住户只能被动地去接受，没有发挥的余地。住户群体都是一个模式，没有变化，不能适应不同住户的要求。能否让住宅来适应人，体现以人为本的原则，使住户能按照自己的意愿去改变住宅的空间形态，使住宅具有可变性与多样性？

"分离化设计"就是把住宅体系分离为固定与可变两个部分，设计出兼具结构长寿命与空间灵活性的分离式住宅。由于住宅体系包含内容庞杂，大到结构、设备、套型空间，小到材料、细部构造做法，因此把住宅体系划分成固定部分与可变部分是做好分离化设计的基础。

住宅固定部分与可变部分体系的分离，需要对两个体系从设计到施工进行"分离化"处理，为住户将来在使用过程中及后期改造时提供便利。现有住宅为了节省空间、缩短工期，首选最为方便快捷的施工建造方式，比如楼板层的常用构造做法是把电线敷设在钢筋混凝土楼板层内部，然后抹灰、铺设面砖，或者将电线敷设于混凝土楼板表层，上面覆以水泥砂浆、防水层和面砖。

这两种方式都把结构与管线直接或间接结合在一起，虽然节约了竖向空间，但是在管线出问题时，住户需要凿开面砖检修，这造成了使用上的不便。不仅如此，如果因住宅不能满足居住者使用要求而对室内进行改造，其结果往往是不可变更或遭到破坏性的拆除重建，造成资源的很大浪费。因此，应把"分离化"作为一种设计逻辑贯穿到住宅的整个设计过程中，才能实现住宅固定部分与可变部分的融洽结合。

1.2 分离体系核心

管线分离的核心之一就是"分离"——包括结构体与非结构体的分离、设备管线系统与结构体的分离、居住区域与用水区域的分离等，主要目的就是增加住户对居住空间的自主权，同时提高建筑空间的自由度与灵活性。

2 SI分离体系

2.1 SI分离体系

　　SI住宅体系源于将建筑分为支撑系统与填充系统的理论，这一理念在日本得到了较为完善的发展与实践。SI住宅主要遵循几个设计原则：①满足个性化需求，住户可以根据自身的需要改变室内结构布局；②独立分离原则，预留单独的管线和配线空间，不将其埋入结构体中，以便于后期改造，SI住宅上下层各户之间的竖向公共管线均设置于公共空间，以水平走向管线通至户内，因此将地板层架空300～400mm以容纳户内水平管线；③耐久性原则，提高材料与结构的耐久性性能，从而有效延长住宅寿命；④低成本原则，SI住宅虽然初期投资成本较高，但是从住宅的全寿命周期来说，后期便捷的维修和低成本的改造费用即可满足住宅的正常使用。

　　可变体系主要包括外围护系统（非承重外墙及分户墙、窗下隔墙、单元门）、内装部品（架空地板、吊顶、非承重隔墙）、内装设备（给水排水系统、电气与照明系统、燃气系统、暖通与空调系统、新能源系统、智能化系统）、主要部品群（整体卫浴、整体厨房、综合收纳）。可变体系的各个部分都是工厂生产、市场流通的工业化产品，由住户在设计指引下自行选择搭配，按照每户实际的生活需求设计套型，搭建住宅空间[1]。

分离式住宅的固定体系与可变体系构成要素　　表1

体系	系统	子系统
固定体系	结构主体	柱、梁、楼板、承重墙
	设备管井（共用）	集中管井
	公共部分	公共走廊、公共楼梯、公共电梯
可变体系	外围护系统	非承重外墙、内隔墙、门窗
	内装部品	架空地板、吊顶、非承重隔墙
	内装设备	给水排水系统、电气与照明系统、燃气系统、暖通与空调系统、新能源系统、智能化系统
	主要部品群	整体卫浴、整体厨房、综合收纳

2.2 分离原则

分离化设计原则是指结构部分与设备管线的分离。结构与设备的分离化设计会提高维修更新的灵活性，从而改善传统建筑模式下将结构体和设备体系相结合存在的种种隐患。借鉴日本SI住宅思想，可把结构体系与设备体系的分离化设计归纳为以下几个原则：

（1）采用有利于维修更新的配管形式，不把管线埋入结构体中；

（2）竖向管线统一设置在公共设备区，再由各层接横管入户，户内不设竖管；

（3）在公共区域预留设备空间，为将来增加设备管线做好准备[1]。

3 分离系统

除了固定部分的耐久性，灵活与可变性则主要通过可变体系来实现。SI住宅可变体系的实现主要通过可变的分离系统填充到固定体系当中，在现有的技术条件中，可以通过装配式内装系统的有机结合来实现住宅的灵活性与可变性。此处主要介绍几种主流的装配式内装系统。

3.1 装配式内装系统

（1）装配式地面系统

集成地面体系采用架空地板形式，利用调平支架进行连接拼接，安装快捷，无污染，可循环利用。

（2）装配式墙面系统

集成墙面体系采用独特的饰面扣装连接方式，安装简易便利，连接稳固牢靠，可循环利用。

（3）装配式吊顶系统

集成顶面体系沿袭传统的轻钢龙骨基层，安装简易便利，连接稳固牢靠，可循环利用。

（4）装配式卫浴系统

卫生间体系为一体化防水底盘、墙板、顶板构成的整体框架，在现场积木式拼装。

（5）装配式厨房系统

装配式厨房通过结构板材、橱柜家具、厨房设备和水电系统在现场进行组装搭配而成的一种新型厨房形式。

（6）装配式水电系统

装配式水电系统采用PB健康管道现场即插即用，明装线路在现场无需开槽，即装即用。

3.2 装配式内装的优势

相较于传统的装修模式，装配式装修模式现场使用的部品部件都是在工厂生产，质量得以控制，全套产品均采用绿色无污染的环保材料，可保障装配式住宅的健康环保。由于产品均在工厂生产，现场安装减少了湿作业，可以减少水电资源的浪费，缩短施工工期，单套室内装修施工工期可以缩短40%以上。

由于采用装配式内装系统，管线体系与结构体分离，避免了传统湿作业所带来的开裂、空鼓等问题；并且通过后期的维护与保养，可以让住户享受到装配式装修带来的品质，也让建筑寿命得以延长。

4 管线分离为结构体系带来的挑战

在设计结构系统时需要探讨的问题除了传统住宅结构设计的相关问题外，还要结合SI住宅体系综合考虑，例如结构选型如何满足以后可变体系的灵活安装使用，结构荷载应适当增加活荷载以满足可变体系变化增加的荷载，结构梁板与设备管线互相分离，容纳设备走线的层高最小尺寸，提高完成后的支撑体精度以满足可变体系的模数化尺寸要求等。这些问题都涉及固定体系与可变体系之间的关系，处理好这些问题才能使分离式住宅的两个体系相互协调统一，在满足居住者舒适性的前提下延长住宅的使用寿命。

参考文献：

[1] 杨晓琳. 基于体系分离的高层开放住宅设计方法研究[D]. 广州：华南理工大学，2016.

专题 **8** 西安装配式政策介绍

1 政策介绍

西安市装配式建筑刚刚起步，实施项目不多，PC构件厂数量较少，轻质内隔墙厂家更少，装配式发展处于开始阶段。

（1）实施面积

关于实施面积，当前西安市装配式政策是个逐渐加码的过程。

《陕西省人民政府办公厅关于大力发展装配式建筑的实施意见》（陕政办发〔2017〕15号）规定：装配式建筑占新建建筑的比例，2020年重点推进地区达到20%以上，2025年全省达到30%以上。高新区项目在重点推进地区。

2020年4月，西安市住房和城乡建设局发布《关于2019年装配式建筑工作推进情况的通知》，文件规定：2020年装配式建筑占新建建筑比例重点推进区域要达到100%，积极推进区域不低于50%，鼓励推进区域不低于30%，装配率均不低于20%。

（2）实施标准

目前，针对装配率计算要求标准不一，西安市人民政府办公厅发布的《关于进一步加快装配式建筑发展的通知》（市政办函〔2019〕103号）规定：

装配式建筑实施比例及装配率方面，"三环内区域、城六区、西咸新区和各开发区以及国家、省、市绿色生态城区等重点推进区域建设项目，具备装配式建设技术应用条件的，应当全部采用装配式建筑技术进行建设，且装配率不低于20%。新建保障性住房项目、城改拆迁安置房项目和政府性资金投资项目、国有企业全额投资的房建工程、农村新型墙体材料示范项目应采用装配式建造方式且装配率不低于30%。"

混凝土结构的装配率计算方法方面，"按照 ±0.00 以上预制部分混凝土构件的体积 W（m^3）/ ±0.00 以上部分全部混凝土构件体积 X（m^3）× 100%计算。"

此前，西安地区基本上参照市政办函〔2019〕103号文和国标进行双控，满足装配率20%或30%要求，在陕西省新省标发布后统一标准。新省标采用类国标的计算方法，相对旧标准要求更严。

2 项目案例

西安市某项目按西安地标进行计算时，ALC条板可计入混凝土体积，此为西安地区特色。在满足地标装配率20%或30%要求时，同时应满足国标装配率的要求。

项目基本信息   表1

楼号		1号
地上计容（m^2）		11424.49
地震设防烈度		8（0.2g）
层高		25
底部加强区		1~3层
预制构件	装配率20%	预制叠合板、预制楼梯、预制空调板、预制墙体（PC/ALC）
	装配率30%	

2.1 20%装配率方案

（1）地标方案

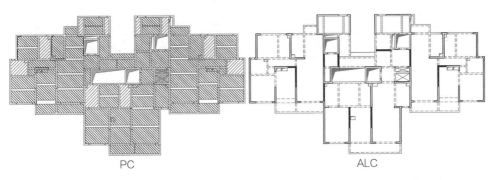

PC　　　　　　　　　　　　ALC

图1 构件布置平面图

各构件体积计算（体积单位为 m³）　　　表2

楼层	1层	2～3层	4～24层	25层	总计
层数	1	2	21	1	25
现浇梁	15.28	15.28	15.28	15.28	382.10
现浇楼板	48.66	29.95	29.95	48.66	786.26
预制楼板	—	18.70	18.70	—	430.15
现浇楼梯	2.90	—	—	—	2.90
预制楼梯	—	2.90	2.90	2.90	69.69
现浇墙体	93.68	93.68	93.68	93.68	2341.89
预制ALC	15.17	15.17	15.17	15.17	379.26
总预制	15.17	36.78	36.78	18.07	879.09
总现浇	160.52	138.91	138.91	157.62	3513.15
总混凝土	175.69	175.69	175.69	175.69	4392.24

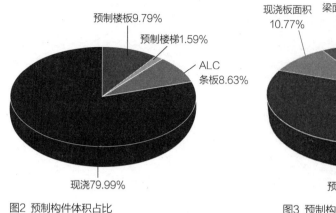

图2 预制构件体积占比　　　　　　　　图3 预制构件面积占比

　　方案采用水平构件+竖向构件（ALC内隔墙），构件预制率= 9.79%+1.59%+8.63%=20.01%≥20%，满足地标要求。

　　（2）国标方案

　　水平预制构件投影面积80.14%≥80%，满足国标20分要求，因内隔墙比例达不到50%，不得分。故装配率20%≥20%，见表3。

20% 装配率国标方案　　　　　　　　　　　　　　　　　　表3

项目		指标要求	计算分值	最低分值	得分	成本增量（元/m³）
主体结构（50分）	柱、支撑、承重墙、延性墙板等竖向构件	35%≤比例≤80%	20~30	20	—	—
	梁、板、楼梯、阳台、空调板等构件	70%≤比例≤80%	10~20		20	84.6
围护墙和内隔墙（20分）	非承重围护墙非砌筑	比例≥80%	5	10	—	—
	围护墙与保温、隔热、装饰一体化	50%≤比例≤80%	2~5		—	—
	内隔墙非砌筑	比例≥50%	5		0	27.89
	内隔墙与管线、装修一体化	50%≤比例≤80%	2~5		—	—

续表

项目		指标要求	计算分值	最低分值	得分	成本增量（元/m³）
装修和设备管线（30分）	全装修	—	6	6	—	—
	干式工法的楼地面	比例≥70%	6	—	—	—
	集成厨房	70%≤比例≤90%	3~6		—	—
	集成卫生间	70%≤比例≤90%	3~6		—	—
	管线分离	50%≤比例≤70%	4~6		—	—
总计					20	112.5

（3）方案成本计算

方案满足地标国标双控要求，构件成本增量为112.5元/m²（成本增量仅为估算，仅作参考），从表2-3可以看到，PC成本增量相对外省地区较小，原因是西安当地商品混凝土价格很贵，导致预制构件和现浇相比成本增量较小。同时，当地ALC综合成本也相对较贵。

2.2 30%装配率方案

（1）地标方案

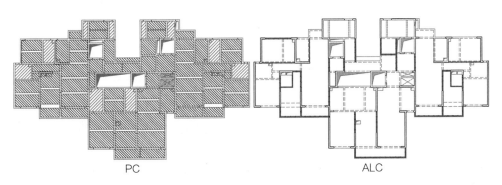

PC   ALC

图4 构件布置平面图

各构件体积计算（体积单位为 m³）   表4

楼层	1层	2～3层	4～24层	25层	总计
层数	1	2	21	1	25
现浇梁	15.28	15.28	15.28	15.28	382.10
现浇楼板	48.66	29.95	29.95	48.66	786.26
预制楼板	—	18.70	18.70	—	430.15
现浇楼梯	2.90	—	—	—	2.90
预制楼梯	—	2.90	2.90	2.90	69.69
现浇墙体	93.68	93.68	93.68	93.68	2341.89
预制墙体	—	—	0.00	0.00	0.00
预制ALC	40.99	40.99	40.99	40.99	1024.75
总预制	40.99	62.60	62.60	43.89	1524.59
总现浇	160.52	138.91	138.91	157.62	3513.15
总混凝土	201.51	201.51	201.51	201.51	5037.73

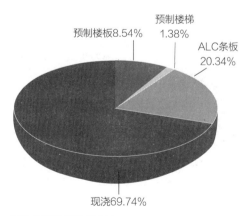

图5 预制构件体积占比

方案采用水平构件+竖向构件（ALC内隔墙），构件预制率= 8.54%+1.38%+ 20.34%=30.26%≥30%，满足地标要求。

（2）国标方案

水平预制构件面积占比见图3，投影面积80.14%≥80%，满足国标20分要求；非承重围护墙非砌筑比例80.16%≥80%，内隔墙非砌筑比例51.48%≥50%，各得5分。总装配率满足30%要求，见表5。

30% 装配率国标方案

表5

项目		指标要求	计算分值	最低分值	得分	成本增量（元/m²）
主体结构（50分）	柱、支撑、承重墙、延性墙板等竖向构件	35%≤比例≤80%	20～30	20	—	—
	梁、板、楼梯、阳台、空调板等构件	70%≤比例≤80%	10～20		20	84.6
围护墙和内隔墙（20分）	非承重围护墙非砌筑	比例≥80%	5	10	5	40.58
	围护墙与保温、隔热、装饰一体化	50%≤比例≤80%	2～5		—	—
	内隔墙非砌筑	比例≥50%	5		5	67.94
	内隔墙与管线、装修一体化	50%≤比例≤80%	2～5		—	—
装修和设备管线（30分）	全装修	—	6	6	—	—
	干式工法的楼地面	比例≥70%	6	—	—	—
	集成厨房	70%≤比例≤90%	3～6		—	—
	集成卫生间	70%≤比例≤90%	3～6		—	—
	管线分离	50%≤比例≤70%	4～6		—	—
总计					30	193.1

（3）方案成本计算

方案满足地标国标双控要求，构件成本增量为193.1元/m²。

9 构件加工过程中设计应重点关注的内容

1 粗糙面

预制构件与后浇混凝土之间的结合面会设置粗糙面，应符合下列规定：

（1）预制构件模板面可涂抹缓凝剂，脱模后采用高压水冲洗露出骨料；

（2）叠合面粗糙面可在混凝土初凝前进行拉毛处理。

预制构件在加工过程中应重视是否按照设计要求设置了粗糙面，包括粗糙面的设置范围和深度、键槽的尺寸和位置。

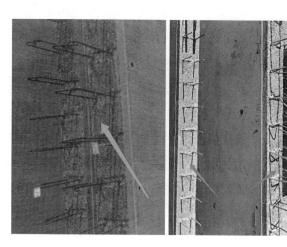

图1 粗糙面深度不满足要求示例

2 预制夹芯保温外墙板保温层

2.1 保温材料的选择

预制夹芯保温墙板中的保温材料应选择表面相对光滑且吸水性低的材料。若保温材料的表面粗糙，宜设置分隔层，如薄膜等，这样可保证外叶板相对于保温层的可移动性，同时又避免构件浇筑时，上层混凝土渗入保温板的接缝中。

而低吸水性的保温材料会对混凝土收缩产生有利影响，不会增加夹芯保温墙板的内叶板和外叶板之间的干燥差异，同时保证构件的养护条件，以免出现混凝土因收缩引起的翘曲。

图2 在外叶板与保温层之间设置薄膜　　　　　图3 保温材料与外叶板脱离
（图片来源：哈芬产品技术手册）

2.2 保温板的铺设

保温板的敷设应严格把控工艺顺序，并执行拉结件产品的安装技术要求。

应提前结合拉结件布置绘制保温板的排板图，现场按排板图精确切割、布置保温板。对于保温板通孔处，可提前钻孔。

在铺设保温板后，为避免浇筑上层混凝土时，混凝土渗入保温板缝隙导致冷桥或保温板上浮，应在浇筑之前提前检查并处理缝隙。对于宽度大于1cm的缝隙，应局部填补；对于宽度较小的缝隙，可用胶带粘贴覆盖或填充发泡聚氨酯。

图4 保温板拼缝处粘贴胶带
（图片来源：哈芬产品技术手册）

图5 保温板敷设不规范

3 按设计图纸加工

　　构件加工应严格安装构件加工详图生产，过程中及时检查是否按图施工。关注点包括：钢筋与预埋件等发生冲突时，不得截断钢筋；套筒加密区的拉筋应按图纸要求设置；拉筋长度应满足图纸要求；梁纵筋锚固板应按照图纸设置等。

钢筋与预埋冲突时，钢筋弯曲或平移避让

图6　钢筋与预埋件冲突

图7　钢筋截断

图8　套筒加密区未设置拉筋

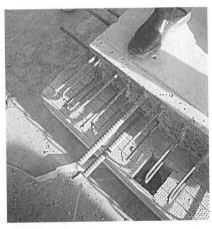

图9　梁纵筋端部未按要求设置锚固板

4 叠合板桁架筋

《钢筋桁架混凝土叠合板应用技术规程》T/CECS 715-2020中规定，叠合板的钢筋桁架的外观质量应满足以下要求：

（1）除毛刺、表面浮锈和因钢筋调直造成的表面轻微损伤外，钢筋桁架表面不应有影响使用的缺陷。

（2）钢筋桁架上弦焊点不得开焊；下弦焊点开焊数量不应超过下弦焊点总数的4%，且不应连续开焊，端部焊点不应开焊。

（3）焊点处熔化金属应均匀，不应脱落、漏焊，且应无裂纹、多孔性缺陷和明显的烧伤现象。

图10 桁架筋下方净高过低

5 灌浆套筒

预制墙体中预埋的灌浆套筒是构件加工过程检查的重点项。

（1）灌浆套筒应与模板牢固固定，保证定位准确，不发生漏浆。出、灌浆孔不得位于预制墙底部。

图11 出、灌浆孔过低

（2）对于半灌浆套筒，钢筋丝头加工质量十分重要，钢筋丝头应与灌浆套筒拧紧，外露丝和拧紧力矩值均要达到要求。

（3）灌浆、出浆管的材质类型包括：PVC管、橡胶波纹管、钢丝缠绕软管。排浆管要扎实、固定，防止浇筑混凝土时脱落、漏浆。同时对于套筒集中区，减少波纹管的缠绕，以免影响套筒区混凝土浇筑的密实度。

（4）出厂前，应对套筒的定位精度、伸出钢筋长度进行重点检查，同时对套筒内腔和进出浆管道进行检查判定是否畅通，不得有堵塞或异物。

图12 PVC管

图13 橡胶波纹管

图14 钢丝缠绕软管

图15 伸出钢筋偏位

6 其他

（1）预制构件钢筋不得随意弯折、剪断。

（2）构件平整度应有效控制。

图16　墙体伸出钢筋弯折严重

图17　墙体平整度不达标

专题

10 装配式建筑项目全过程管理流程

　　随着建筑行业的不断发展、建筑行业的快速转型升级以及科学技术的不断提高，当前装配式建筑项目的管理也有了更高的要求，需要政府监管部门、建设单位、设计单位、装配式技术咨询单位、施工总承包单位、预制构件生产厂等，利用现代信息化管理手段，加强装配式建筑项目从前期策划、调研、决策、设计方案到后期施工组织管理的全过程管理，有效提升装配式建筑项目的建设质量，提高建筑品质，改善建造过程，从而达到国家所提倡的绿色环保政策要求。因此，对装配式建筑项目全过程管理流程的研究是非常重要的。

1 装配式建筑项目流程管理优化需求

1.1 策划决策阶段的优化需求

　　当前，在进行装配式建筑项目管理的过程当中，对于策划决策环节管理具有非常强的依赖性。当前，各省、各直辖市针对装配式建筑项目都已经出台了相关政策文件，如《北京市人民政府办公厅关于加快发展装配式建筑的实施意见》《上海市2018年—2020年环境保护和建设三年行动计划纲要》等，但是在实际落实的时候存在一定的弹性，使装配式建筑策划决策阶段的管理出现了一些问题。因此，必须要加强对装配式建筑项目的源头控制，在决策阶段就明确规定并落实装配式建筑项目建造的整体思路和标准，从宏观角度对装配式建筑的建设流程进行策划和管理。

1.2 招标投标阶段的优化需求

在装配式建筑项目招投标阶段需要加强管理流程的优化和升级。2017年，住房城乡建设部建筑市场监管司发布《关于征求房屋建筑和市政基础设施项目工程总承包管理办法（征求意见稿）意见的函》。为贯彻落实中央城市工作会议精神和《国务院办公厅关于促进建筑业持续健康发展的意见》（国办发〔2017〕19号），加快推进装配式建筑工程总承包，完善了工程总承包管理制度，提升工程建设质量和效益，政府相关部门组织起草了《房屋建筑和市政基础设施项目工程总承包管理办法》（征求意见稿），明确指出：装配式建筑项目在招投标环节宜采用工程总承包模式。但是，工程总承包方式不断改革的过程中存在一定的利益冲突，对总承包制度的有效落实造成一定的阻碍。另外，一些城市在进行装配式建筑项目招投标的过程中，由于缺乏明确的工程总承包操作要求以及对承包企业能力和资质的监测，使得装配式建筑项目在招投标环节出现了一些问题。从装配式建筑项目招投标管理角度来看，在招投标条件设定、计价模式选择的评价等方面都需要加强管理。

1.3 规划设计阶段的优化需求

在装配式建筑项目规划设计阶段，需要切实提升装配式技术方案的可行性，避免因在施工过程当中对建筑设计进行修改所造成的人力资源和物力资源的浪费。因此，在进行技术方案可行性论证的过程当中，需要专业的装配式技术专项咨询团队、技术人员在项目规划阶段进行设计论证、方案比选等，辅助建设方对装配式建筑工程项目的成本工期和质量进行把控。当前，装配式建筑设计的标准化、模块化设计不足，极大地影响了装配式建筑构件的标准化和可靠化程度，从北京、上海、深圳等地先进的装配式建筑发展经验来看，通过科学有效的手段对装配式建筑设计规划进行验证和风险把控是非常重要的。

1.4 施工建设阶段的优化需求

在装配式建筑项目的施工阶段，需要切实加强对预制构件生产、运输和施工环节的质量监管，尤其是要在前期考虑到实施阶段预制构件现场堆放的情况，保证项目进度。当前一些城市在进行装配式建筑项目施工的过程当中，由于缺乏对装配式项目的认知，缺乏一定的监管政策，很难有效地落实对预制构件生产和施工技术的控制与监管。对于装配式建筑而言，预制构件生产工作也需要纳入施工阶段管理的内容中。预制构件生产过程中的质量问题，会对装配式建筑项目的施工质量、施工进度以及成本控制造成很大影响。

1.5 交付使用阶段的优化需求

在装配式建筑项目交付使用阶段，应该不断加强分段验收的管理方式，切实提升对装配式建筑项目施工质量的有效控制。对于装配式建筑而言，同步施工和交叉施工能够有效缩短装配式建筑的施工工期，切实发挥装配式建筑的应用优势。但是，在实际项目的生产建设过程当中，装配式建筑的整体验收，对于交叉施工优势造成一定的影响，在结构封顶之后才能对装配式建筑项目进行验收，一定程度上影响了装配式建筑的施工效率和施工周期。针对验收和阶段性考核，要根据装配式建筑设计施工的实际要求进行周期的设定，避免对装配式建筑项目的建设工作造成影响。

2 装配式建筑项目流程管理的改进建议

2.1 策划决策阶段的改进建议

在装配式建筑项目流程管理的决策阶段，需要从源头对装配式建筑项目进行有效的管理。首先，政府相关管理部门需要不断加强对装配式建筑的全流程管理工作，在装配式建筑项目建设落实之前对生产建设的全环节进行管理流程的设计，并做好每一管理环节的审核和把控。对于业主单位，前期需要一个专业的装配式技术咨询单位，从项目策划阶段介入，辅助业主在策划决策阶段，更好地分析项目所在地政策、产能、实施情况、验收标准等，通过科学有效的统筹规划、专业的技术引导，辅助业主单位实现对装配式建筑项目的全流程管理。另外，装配式技术咨询单位在实际配合业主单位进行建筑项目管理的过程当中，需要加强审查设计方案前期可行性的科学性及后期的落实，对装配式建筑的实施面积和标准进行细致的规划，切实提升装配式建筑项目实施建设的规范性和可行性。

2.2 招标投标阶段的改进建议

装配式建筑项目招标投标阶段的流程管理，需要实现对工程总承包制度的科学应用和实际落地。建设单位应该加强对工程总承包单位的资质和过往业绩审查，通过科学的投标条件对工程总承包单位进行筛选。在招标投标的过程当中应该明确招标需求，不断完善计价模式，并通过创新完善的评标流程和方法不断提升装配式建筑招标投标阶段的管理质量。应用BIM等信息化新技术进行招投标细节的过程管理，同时也需要不断完善装配式建筑项目建设标准、流程管控标准及验收标准，针对复杂类型的装配式建筑项目要求可以采用邀请招标或直接委托的方式展开建筑项目的建设工作。

2.3 规划设计阶段的改进建议

装配式建筑项目规划设计阶段管理的过程当中，需要按照具体的设计环节对管理流程进行细化和落实。包括装配式建筑项目的方案设计、方案评审、技术实施方案评审、初步设计、概算审计、施工图设计、预制构件施工图设计、室内装修设计以及施工图检查，从各个环节实现对装配式建筑技术方案的可行性控制。在装配式技术咨询单位的配合下，设计单位和生产单位需要同时对方案设计和初步设计负责，明确装配式建筑项目的实际要求，通过装配式技术咨询单位，有效地评审装配式建筑方案，对装配式建筑项目设计方案的可行性进行评估，切实提升装配式建筑项目的整体质量。

2.4 施工建设阶段的改进建议

在装配式建筑项目的施工阶段，需要重点对施工质量和整体工期进行管理和控制，根据装配式建筑项目的设计结果，科学地落实生产施工环节工作，切实提升装配式建筑的生产管理质量。对于建筑项目管理而言，现场的施工质量管理工作是非常必要的，通过科学的现场管理能够有效地对施工现场的技术应用和操作进行控制，并且对装配式建筑施工的预制构件进行质量检测，避免质量不合格的预制构件投入使用，切实提升装配式建筑项目的整体质量。

2.5 交付使用阶段的改进建议

通过分析装配式建筑的成功经验不难发现，在装配式建筑项目交付阶段管理的过程当中，通过科学的主体结构验收和分段验收，能够有效地对装配式建筑的施工周期进行控制。在交付使用阶段验收时，需要严格按照考核检查制度对装配式建筑的施工质量进行考核，另外，针对不同地区的实际装配式建筑项目建设情况，可以根据生产设计的具体要求对分段验收间隔进行控制。

金茂慧创建筑科技有限公司（简称：金茂建筑科技）位于北京市西城区复兴门外大街金融街商圈腹地——中化大厦。作为中国金茂二级建筑科技公司，

金茂建筑科技秉承中国中化"科学至上"的发展理念和中国金茂"智慧科技 绿色健康"的创新方向，在创业创新的大浪潮下顺应大建筑产业和数字化技术融合发展的大趋势，以装配式AI智能设计、科技研发、建筑全过程咨询为核心业务，利用大数据、区块链等先进技术，将J·MAKER智慧化平台作为智慧科技和数据应用的载体，致力于打造大建筑产业链设计、采购、施工的EPC-OEM创新一体化互联生态圈，为建筑行业提供装配式建筑一站式解决方案的智慧科技服务商。

装配式建筑是一项系统工程，要在建筑与工业化间找到最佳的平衡点——需将传统建筑的设计、供货与施工全流程改造成符合工业化的设计、制造与安装流程。金茂建筑科技具备开发商基因，从设计源头考虑制造与安装要求，满足客户保质量、控成本、优进度、控风险、技术创新等诉求，客户涵盖恒大、保利、建发、城建、顺安远大等，业务遍布全国20余个核心城市。2019年至今，服务京津冀、郑州、青岛、济南、上海、张家港、宁波、长沙、贵阳、广州等地60余个项目，为客户累计降本2亿元，使装配式建筑真正做到又快、又好、又省。

金茂建筑科技作为全联房地产商会建筑工业化分会常务理事单位，致力于构建装配式产业链一体化互联生态圈，目前已与中建系、标准院、建研院、北京院、远大住工、三一筑工、和能人居、中国建材工业经济研究会、同济大学等

20余家优秀产学研企业战略合作，在标准化、装配式构件研发及供货、装配式装修、整体卫浴等方面展开合作，助推建筑工业化进展。

2021年5月，金茂建筑科技作为主要牵头单位，在中国建材工业经济研究会旗下成立创新材料研发与应用分会，坚持"科技创新、绿色推动、融合发展、产业升级"的宗旨，组织创新材料和专利技术产业链的专业整合、标准建立、企业协同、供需对接等方面工作，促进与产业链相配套的产品设计、建材部品等在材料、技术、工艺等方面的升级与创新。

公司注重创新研发和专业沉淀，目前已获取发明专利10余项，编著装配式建筑系列丛书，已出版《装配式建筑100问》《装配式建筑典型案例复盘》。2020年，获取中关村金种子企业资质并获评中国房地产品牌价值榜装配式产业链智慧科技服务商、2020中国房地产装配式全过程咨询金牌供应商奖等荣誉。定位装配式产业链智慧科技服务商，金茂建筑科技将坚持一体两翼战略方向，打造"金

中国建材工业经济研究会创新材料研发与应用分会成立仪式

部分获得奖项

茂建科生态圈"，搭建J·MAKER大数据智慧化管理平台，在行业内做到产业园区规划及运营模式驱动和大数据集中管理平台驱动两方面领先，做装配式建筑行业领跑者。

"独木不成林，单丝不成线"，行业优秀企业的合作是产业链融合和创新发展的重要途径。科技变革和产业升级的时代背景下，在建筑业转型升级的变革中，金茂建筑科技愿与行业产学研优秀企业携手，在装配式全过程咨询、PC构件供应、整体卫浴、装配式体系落地研发、AI平台研发、创新材料研发应用等方面精诚合作，充分发挥各自在技术、产品、资源等方面的优势，响应国家大力发展装配式建筑的号召和市场需求，共同开创绿色建筑生态圈的全新篇章。

金茂建筑科技公众号

金茂建筑科技抖音号

企业风采：

2019年10月17日品牌发布会暨战略签约仪式

2019年11月出席亚洲内装工业化峰会

2020～2021年第十六、十七届国际绿色建筑与建筑节能大会暨新技术与产品博览会参展

2019年度优秀供应商（温州）

2020年度最佳合作奖

2019年度创新奖

2019年度优秀供应
商（北京）

2020年中国房地产产业链年度创新人物